Cristian Aguirre

Los Indicadores de Diseño

ISBN-13: 978-0615871486 (OIACDI)
ISBN-10: 0615871488

Fecha de publicación: Agosto 2013
Filosofía de Ciencia, Matemática, Biología

Diseño de portada: Mario A. López

Organización Internacional para el Avance Científico del Diseño Inteligente

OIACDI
www.oiacdi.org

Índice

Introducción

Casi dos siglos han transcurrido desde que el teólogo inglés William Paley en su obra de 1802 "Teología Natural" defendiera que la vida infiere el diseño tal como un reloj infiere a un relojero. Desde entonces y hasta la actualidad han surgido muchas voces contestatarias a esta inferencia pretendiendo no solo refutarla, sino también superarla.

Quizás más oscuro resulta indagar, sin embargo, cuales fueron los móviles que a principios del siglo XIX impulsaron su rechazo. Realmente no se trataba tanto de una controversia científica, sino más bien política. Paley defendía, como antes de él lo hicieron el obispo Bossuet en Francia y Robert Filmore en Inglaterra, que la vida infería la presencia de Dios y ello además implicaba que la institución monárquica, cuya soberanía era delegada por Dios debería prevalecer sobre la soberanía del pueblo representada en el parlamento. En otras palabras los elementos teológicos y científicos esgrimidos eran herramientas para reivindicar a la monarquía que en el siglo XVIII había sido seriamente vapuleada por la revolución francesa y cuestionada por el pensamiento de John Locke en Inglaterra y Jacques Rousseau en Francia.

Como respuesta a la pretensión de Paley y su defensa del absolutismo monárquico mediante argumentos científicos, los defensores de la posición contestaría lucharon para proponer también desde la ciencia un ataque a la inferencia de diseño y por ende a la existencia o participación de un Dios creador "pro monárquico". En esta línea pensadores de la talla de Simon Laplace, Jean Babtiste Lamarck, Charles Lyell, James Hutton y más tarde Charles Darwin entre otros presentaron propuestas para rebatir, desde la filosofía y la ciencia, esta particular reivindicación del absolutismo monárquico.

En resumen, Paley debía equivocarse, no porque su razonamiento sea necesariamente erróneo, sino porque su uso político era deleznable. Más recientemente pensadores como el biólogo inglés Richard Dawkins han continuado este ataque a la propuesta de Paley en su libro "El relojero ciego", ya no por las razones existentes a principios del siglo XIX, sino para defender la visión del naturalismo materialista que, al rechazar toda intervención no natural en la historia del universo y la vida, reivindica el poder de la naturaliza para producir el "aparente" diseño de la vida.

La premisa de Paley de que la existencia de un reloj implica la presencia de un relojero ha sido refutada apelando al principio de que, si se da el hecho de que dos elementos comparten una propiedad no implica necesariamente que también comparten el origen de dicha propiedad. En otras palabras, si un reloj y una célula viva comparten complejidad funcional, y sabemos que el origen de dicha complejidad funcional para el caso del reloj es la inteligencia de un diseñador, no deberíamos concluir que lo sea también para el caso de la célula viva dado que ésta también puede ser producida por otra fuente causal: la evolución de la materia.

La validez de esta última fuente causal para explicar la aparición de la primera célula viva y de la propia evolución darwiniana una vez la vida existe, ha sido severamente cuestionada desde la trinchera del Diseño Inteligente. Sin embargo, los argumentos que refutan esta fuente causal apelando a su impotencia como explicación válida para el surgimiento de la vida y su incremento de complejidad funcional no validan por sí mismos al DI. Si ello fuera así estarían en sus filas muchos, sino todos, los científicos críticos con el darwinismo, lo cual no es cierto. Existen muchos críticos de la misma que creen que la naturaleza aún tiene la capacidad de producir, por otros mecanismos, organización funcional compleja y, por ello, rechazan el DI.

El DI, en cambio, propone que la vida presenta determinados indicadores de diseño que anuncian que su origen es inteligente. No dice que en la evolución biológica no hayan estado presentes procesos estrictamente naturales donde la variabilidad genética, mutaciones epigenéticas y el efecto de la selección natural sobre ellas no hayan podido concurrir para producir variedad y cambios morfológicos que, unidos a fenómenos de especiación, hayan podido generar nuevas especies hasta cierto grado taxonómico. Lo que dice es que los mismos son desarrollos de funciones precedentes que no tienen *ni pueden tener* un origen natural. Considera además que el naturalismo extrapola erróneamente el poder de la naturaleza para procesar estos desarrollos con su poder para generar a su vez las funciones biológicas desde las cuales nacen dichos desarrollos.

En esta pugna el naturalismo lucha por demostrar que la naturaleza puede emular estos indicadores sin el concurso de inteligencia. Ya el propio Charles Darwin presentó, en 1859, una propuesta de cómo la naturaleza podría emular los indicadores de diseño que la misma evidencia en sus estructuras biológicas.

Queda entonces demostrar, por parte del DI, si estos indicadores pueden ser producto de la naturaleza y si denotan, por su naturaleza intrínseca, que demandan de modo ineludible el concurso de la inteligencia.

Antes de analizar a fondo cada uno de los indicadores es conveniente presentarlos y establecer una visión global.

Quizás los más conocidos indicadores de diseño presentes en el debate naturalismo – DI son la Información Compleja Especificada (ICE) propuesta por William Dembski y la Complejidad Irreductible propuesta por Michael Behe. Sin embargo no son los únicos, particularmente ampliaría la lista a 7 indicadores de diseño, dentro de los cuales se encuentran los aludidos y que, no agotando la posibilidad de que puedan haber más, son los siguientes:

1. Funcionalidad específica tanto para sí misma como para otros agentes.
2. Procesadores de materia, energía o información.
3. Información compleja especificada (ICE).
4. Coherencia de Contexto.
5. Convenios de conexión.
6. Asociaciones funcionales productivas de componentes (complejidad irreductible).
7. Complejos funcionales con capacidad autorreproductiva.

Para falsar cada uno de ellos se debería poder hallar en la naturaleza:

1. Estructuras que tengan una función para sí mismas.
2. Mecanismos que procesen materia, energía e información con fines funcionales.
3. Procesos cuyo desarrollo implique el concurso de información algorítmica, es decir, con un número de iteraciones, invocación de funciones y nodos de decisión para poder realizarse.
4. Elementos que presenten ajustes específicos para pertenecer a un contexto funcional y viceversa, contextos que para ser funcionales deban ser adaptados al componente faltante.
5. Elementos que presenten convenios de conexión, es decir, que para poder enlazarse funcionalmente precisen de un convenio o algoritmo de conexión.
6. Asociaciones productivas de elementos que cumplan un fin funcional (complejidad funcional irreductible).
7. Casos de autorreproducción no trivial de una entidad funcional en otra.

Ahora bien, alguien dirá: Estos indicadores los hallamos en la biología, por lo tanto, si la biología es un fenómeno de origen natural, luego estos indicadores no infieren diseño inteligente.

Si ello es cierto entonces es lógico suponer que deberemos encontrar en la naturaleza de ámbito no biológico también estos indicadores dado que admitimos que pueden haber sido formados por la naturaleza sin el concurso de ninguna teleología impuesta desde fuera por alguna inteligencia.

Pero ¿Se encuentran fuera del ámbito no biológico?

Si se encontrara alguno entonces se podría falsar esta propuesta. Pero, no existe ninguno fuera del ámbito biológico.

Si analizamos de modo general este conjunto de indicadores de diseño es posible encontrar un elemento común que en principio explica, por qué se afirma que no pueden ser hallados de modo natural (o por fruto de la naturaleza).

Este elemento común es la funcionalidad la cual es, ya por sí mismo, un indicador de diseño en toda regla aunque, como veremos, deberá necesitar el auxilio de otros indicadores para demostrar de modo definitivo la presencia de diseño.

Capítulo 1

FUNCIONALIDAD

Bajo las aguas del mar Mediterráneo entre las islas de Citera y Creta unos pescadores descubrieron en el año 1900 los restos de un antiguo naufragio griego. Estatuas, vasijas y diversos objetos deteriorados por 21 siglos de exposición en las salobres aguas de Anticitera fueron saliendo del profundo pasado a la superficie del presente. Sin embargo, en el inventario de los objetos extraídos se halló un extraño objeto al que no parecía poder identificarse función alguna y, por lo tanto, saber para qué servía.

Se trataba de un mecanismo incompleto de engranajes y placas metálicas calcificadas con algunos signos del zodiaco y otros detalles poco discernibles. Dado el misterio de su naturaleza y funcionalidad permaneció fuera del interés científico y con ello olvidado en unos almacenes durante décadas hasta que el misterioso objeto despertó el interés de numerosos científicos qué, vislumbrando que se trataba de un sofisticado computador mecánico dados sus distintos engranajes metálicos complejamente interconectados, buscaron indagar qué funciones concretas podía realizar.

Luego de ser sometido a numerosas radiografías y tomografías computerizadas de alta resolución se realizó una ingeniería inversa que reveló que el mecanismo de Anticitera era capaz de realizar avanzados cómputos astronómicos. Un sorprendente logro tecnológico del genio científico Griego considerando que fue creado en el siglo segundo antes de Cristo.

El mecanismo de Anticitera no era pues ni un pisapapeles ni un mero objeto de arte, era un complejo artefacto con varias funcionalidades, es decir, cumplía varios propósitos que permitían satisfacer necesidades de información para varios agentes beneficiaros (en este caso personas). Por lo tanto, la historia de este mecanismo nos permite introducir la definición de lo que es la funcionalidad.

La misma implica que una estructura pueda presentar para un agente externo, o incluso para sí misma, un uso o, dicho de otra forma, la satisfacción de una necesidad. Este último elemento implica un propósito que es cumplido una vez es aplicada dicha funcionalidad. De este modo la estructura es usada y ajustada para su cumplimiento o, en un segundo caso, es construida ex profeso para dicho fin.

Si no existen agentes beneficiarios no existirán tampoco propósitos y, por lo tanto, tampoco funciones que deban ser aplicadas para satisfacerlas. Es por ello que la sola existencia de la funcionalidad ya presupone, aunque pueda incomodar, la presencia de beneficiarios con algún nivel, aunque sea mínimo de conciencia y/o organización.

En un mundo sin ninguna organización funcional no existen agentes que necesiten. En este escenario los elementos de la naturaleza pueden interactuar entre sí sin que jamás una modificación represente un beneficio o un perjuicio a ninguna organización que funcione.

Ahora bien, considerando que el naturalismo pretende decirnos que las leyes de la naturaleza pueden permitir la emergencia de organización funcional debemos concluir que, para que este razonamiento pueda funcionar, se debe considerar que el mismo agente organizado es el agente beneficiario de una adición exitosa a su propia estructura. Aquí surge entonces la oportuna pregunta. ¿Qué necesita un objeto para constituirse en un agente beneficiario?

Para serlo necesita tener necesidades o al menos una necesidad. Un mecanismo que necesita debe cumplir siquiera un propósito, si no para un agente externo sí para sí mismo. ¿Cómo entonces puede ser implantado un propósito en un mecanismo natural que tan solo obedece a atractores fisicodinámicos en condiciones alejadas del equilibrio termodinámico?

Si decimos que el más elemental ser viviente tiene por propósito sobrevivir y reproducirse, qué podemos decir para el caso de cualquier sistema fisicoquímico natural ¿Tiene un sistema no viviente la necesidad de sobrevivir? No, no la tiene. En este sentido el problema del origen de la vida sería también, aunque no se suele plantearlo de este modo, **el problema del origen del propósito**.

Nos encontramos entonces con una situación insalvable para el razonamiento naturalista dado que para que un sistema necesite tiene que contar con un propósito y los fenómenos y las leyes naturales pueden construir complejidad, pero son impotentes para generar propósito, no determinan necesidades para agentes no funcionales. Sin embargo, los agentes funcionales si demandan necesidades para que su funcionamiento pueda subsistir. Entonces, si el propósito implícito en su funcionamiento demanda necesidades que deben ser satisfechas esto implica que para que la propuesta naturalista pueda funcionar para una situación prebiótica (no viviente) debe partir de un funcionamiento, pero esto no es posible porque se supone que este mecanismo debe explicar la ruta que conduce a dicho funcionamiento lo cual nos lleva al absurdo de una causalidad circular como, por ejemplo, sería si dijera que puedo elevarme jalándome de los pelos hacia arriba.

En conclusión este razonamiento no solo fracasa para el origen de la vida, sino que a su vez pone en relieve un elemento fundamental en dicha discusión que zanja definitivamente la imposibilidad del origen de la vida desde mecanismos naturales: **la emergencia del propósito**.

Una vez definido lo que es la funcionalidad cabe analizar si la existencia de una función reconocible o impuesta a una estructura indica diseño.

En la naturaleza e incluso en el ámbito de la fabricación humana, existen muchas estructuras que pueden ser útiles a otros agentes para diversas funciones que son establecidas por el agente externo y que en absoluto proceden de diseño o fueron diseñados para ello.

Un mono puede usar una pajita y ajustarla al tamaño adecuado para que le sea útil para extraer termitas de un agujero. Un cuervo puede usar piedritas para elevar el nivel del agua de un vaso y así elevar el gusano que flota en su superficie. Una persona puede usar una piedra para moler grano que no fue fabricada en absoluto para tal fin. Por lo tanto el que un agente externo encuentre una función para una estructura natural o incluso fabricada para otro fin no es, desde luego, ningún indicador de diseño.

¿Por qué entonces invocar la funcionalidad hallada en una estructura como indicador de la presencia de diseño?

Quizá para entender esto convenga diferenciar dos tipos de función aplicable a una estructura:

- La función de diseño
- La función de uso

La primera concierne a aquella función o funciones que fueron establecidas por el agente diseñador para que sean cumplidas por la estructura.

La segunda concierne a aquellas funciones que cualquier otro agente externo considera es capaz de cumplir la estructura.

En el primer caso existe diseño y dicha funcionalidad lo infiere. En el segundo caso esto no está en absoluto definido y, por lo tanto, no es posible inferir diseño con certeza.

Quizá una anécdota pueda ilustrar esto. Mi padre cuenta como en sus tiempos de juventud vio con sorpresa como, en un pueblo del interior del país (prefiero no identificarlo para no herir susceptibilidades), un grupo numeroso de personas hacía cola para comprar un periódico que, entonces como ahora, es profuso en páginas y contenido de lectura y además es de formato grande (con páginas de 50cm de ancho y 80cm de alto). Intrigado de que un diario de lectura erudita fuese preferido a diarios más populares le llevo a preguntarle al vendedor porque la gente prefería este diario con tanto entusiasmo, a lo cual este respondió: "Es que este es un diario muy útil para envolver los productos del mercado. Con él se puede envolver el arroz, el azúcar, las lentejas, incluso también sirve para envolver la carne y el pescado así como las hortalizas" Y luego añadió como coletilla: "Y claro *también se puede leer*"

Este es un claro ejemplo de un artefacto donde la función de uso no es en absoluto la función de diseño. **Sin embargo, el que la función de diseño no sea la función de uso no implica**

que la función de diseño no exista. A un artefacto se le pueden dar muchísimas e ingeniosas funciones de uso al igual que a un objeto natural, esto, no obstante, no refuta el que exista una función de diseño y exista, por lo tanto, un diseño.

Del mismo modo una grapadora sirve para unir papeles con grapas. No obstante se le puede dar una función de uso como pisapapeles. En este caso, si no conociéramos la función de diseño de la grapadora, sería posible que usándola como pisapapeles no pudiéramos inferir que fue diseñada ya que, aunque otras características del artefacto podrían hacernos inferir diseño, para el uso presente no es funcionalmente diferente del uso que puedo darle a una piedra que no fue diseñada. Ahora bien, si descubro la función de diseño, es decir, aquella que es vulnerable a perder su función cuando modifico el mecanismo ya sea por defecto de componentes o alteración del orden funcional especificado, entonces podré reconocer que existe una función de diseño que puede ser muy diferente de la función de uso y por lo tanto, es fruto de diseño.

Pero ¿Cómo podemos encontrar cual es la función de diseño, si ni siquiera podemos reconocer que una función tal deje de cumplirse al modificar la estructura?

Definitivamente el problema de la funcionalidad como indicador de diseño estriba, no en que no pueda inferirse su existencia aunque se desconozca cual es, sino principalmente en la dificultad de identificar la función o funciones específicas de diseño que pertenecen a una estructura en concreto cuando ignoramos el convenio funcional de uso, es decir, que elementos procesa, como los procesa y que debe resultar o producir.

Esto nos lleva a reconocer que el que exista un artefacto con una función de diseño implica también que existan agentes o elementos afectados por la función, un plan de uso y un resultado o efecto en dichos agentes o elementos.

Por ejemplo. Una lavadora es un artefacto que presenta el siguiente esquema funcional:

Función: Lava ropa

Entrada: Ropa sucia

Plan de uso:

- Se introduce la ropa sucia en el tambor de lavado.
- Se elige el plan de lavado.
- Se activa el proceso con el botón INICIO. (Ya estando conectado al suministro eléctrico y de agua).
- Se espera hasta que la señal de término se active.
- Se retira la ropa limpia.

Resultado/Salida: Ropa limpia.

El ejemplo ilustra que realmente debemos saber estas 4 cosas para comprender la funcionalidad de una lavadora. Del mismo modo otros artefactos tendrán esquemas funcionales más fáciles o difíciles, pero tendrán esencialmente estos 4 elementos.

Realmente este esquema funcional del usuario es mucho más simple y corto que el plan programado por el fabricante el cual sin lugar a dudas presenta un plan mucho más complejo y con el concurso de muchos más elementos o sectores de proceso que el usuario no tiene porque conocer.

En conclusión, la funcionalidad por si misma implica la existencia de entidades con organización funcional, pero aún no puede, por si misma, demostrar la inferencia de diseño si no es con el concurso asociado de otros indicadores. Para este efecto vamos a analizar el segundo indicador de la lista.

Capitulo 2

PROCESADORES

En la naturaleza existen innumerables procesos que transforman elementos para descomponerlos en elementos más simples, para asociarlos a otros elementos y así formar agregados mayores o para inducir cambios de fase en su estructura entre otros tipos de transformación.

Por ejemplo la exposición de polímeros (moléculas grandes) a la luz ultravioleta causará su descomposición en monómeros (moléculas más pequeñas). La temperatura transformará la estructura del agua en hielo, líquido y gas según sea su nivel. Ciertas sustancias llamadas catalizadores hacen de casamenteros químicos para unir dos o más elementos químicos y formar compuestos que no se formarían sin la presencia de dichos catalizadores.

En todos estos casos y muchos más que podemos hallar en la naturaleza se presentan transformaciones que concurren de modo accidental por influjo de la ocurrencia espacial y temporal de los elementos sujetos al cambio y de los elementos que inducen dicho cambio de acuerdo a las leyes físico-químicas. Los resultados son tan fortuitos como la concurrencia de los elementos implicados en la transformación. Tampoco existe una concatenación de transformaciones que se repita de un modo específico en cuanto a que estos discurren sin dirección alguna y no existe un mecanismo donde esté de algún modo programada una cadena de transformaciones.

Si desde la inteligencia se construye un mecanismo que permita realizar una cadena de transformaciones específica se llamara a esta un PROCESADOR.

De acuerdo a esta definición si bien la naturaleza dispone de muchas transformaciones no dispone en cambio de ningún caso de procesador natural fuera de la biología que pueda repetir una y otra vez una cadena de transformaciones específica. Este proceso de transformaciones con un orden espacio temporal específico permitirá transformar una entrada de materiales, energía o información en una salida de materiales, energía o información que corresponda a un fin funcional.

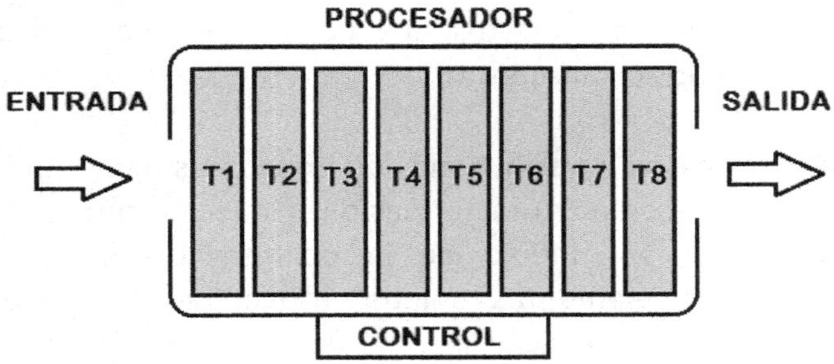

La figura precedente muestra un ejemplo sencillo de procesador en el cual existe una entrada, una salida y 8 mecanismos de transformación que aquí aparecen en serie. Sin embargo, no tiene estas transformaciones porque disponerse solo de dicha manera ya que podrían disponerse en una estructura en paralelo, mixta o invocarse por requerimiento algorítmico cada mecanismo de transformación. Dicha disposición podría ser estática y no cambiar en ningún caso, pero también, para mayor versatilidad, se puede admitir un mecanismo de control que permita cambiarla para distintas metas funcionales.

La imagen se parece mucho a un microchip que procesa información. Ésta tendrá pines para la entrada de datos, pines para la salida de datos y pines para las señales de control. Las señales de alimentación eléctrica podemos considerarlas también como señales de control.

La presencia por lo tanto de un procesador, es decir, de un mecanismo capaz de realizar una cadena de transformaciones específica debe ser susceptible de inferir diseño. La pregunta es ¿Cómo?

Si un astronauta viajara a otro planeta y descubriera un extraño mecanismo ¿Cómo sabría que es un procesador y por lo tanto un caso de mecanismo diseñado?

Lo primero que se requiere para concatenar una serie de transformaciones es también una concatenación de mecanismos y por lo tanto de partes. También debe incorporar un dispositivo de entrada y otro de salida. Y por último, uno o más dispositivos de control cuya manipulación permita distintas salidas para un misma entrada. El problema, sin embargo, será reconocer que tipo de elemento es capaz de procesar, qué debería esperarse de la salida y como iniciar y controlar el proceso.

Por otra parte si tuviéramos la posibilidad de ver al procesador funcionar sería posible entender de qué tipo es la entrada, que se produce a la salida y cuáles son los mecanismos de control que regulan el proceso.

Sin haber viajado a algún exótico planeta ¿Sabemos de la existencia de uno o más procesadores no creados por el hombre que podamos estudiar?

La respuesta es Sí.

Los conocemos y la ciencia que los estudia se llama biología.

En el mundo biológico existen muchos ejemplos de procesadores que realizan cadenas de transformaciones bioquímicas guiadas por mecanismos de control muy ingeniosos.

La biología no solo está a la altura en complejidad y sofisticación a la tecnología humana actual, sino que incluso la supera con creses. Hoy en día no existe ningún ingenio humano físico que pueda metabolizar, auto-refaccionarse y auto-reproducirse como si lo hace una sencilla bacteria y ello lo realiza mediante la compleja orquestación de numerosos procesadores consistentes en máquinas multiprotéicas en el medio intracelular.

Las proteínas son los ladrillos básicos con los cuales están hechos la mayoría de los mecanismos, órganos y elementos corporales de los seres vivos. Estos polímeros son macromoléculas parecidas a ovillos de lana que deben ser fabricadas por cada ser viviente y consisten en una precisa cadena de aminoácidos que tampoco está dada al azar, sino que es prescrita por un gen determinado y se fabricará de acuerdo a su necesidad en el concierto intracelular. Para realizar esta fabricación debe existir un procesador que sea capaz de admitir materiales (aminoácidos) del medio a fin de construir una proteína y ello controlado por un mecanismo que regule la ignición o inhibición del proceso de producción. Deberá controlar cuando empezar y cuando terminar el proceso y por último deberá tambien interpretar la información codificada en el ADN que prescribe qué cadena de aminoácidos en el orden correcto debe construirse.

Lo primero que sucede para que una proteína pueda construirse a partir de un gen se conoce como "Transcripción" dado que se necesita abrir, como una cremallera, los dos brazos del ADN a fin de extraer una copia basada en una cadena de ácido ribonucleico (ARN). El proceso sobre como sucede esto es bastante complicado para las células sin núcleo y lo es mucho más aún para las células con núcleo, pero no es relevante ahora tratarlo. Contemos ahora con el hecho de tener a un maduro ARN mensajero (ARNm) que en el citoplasma debe servir ahora para construir una proteína de modo parecido a como una cinta de organillo es procesada serialmente para producir una melodía.

En este ARNm tenemos un mensaje con palabras llamadas codones que deben especificar qué aminoácidos deben encadenarse para formar una proteína, pero por si sola no hace nada. Necesitamos ahora un procesador que alimentado en su entrada con este mensaje pueda construir una proteína. Este procesador se llama Ribosoma y es una máquina molecular cuyo propósito es ser el "organillo" del ARNm para construir con su secuencia dicha proteína. Pero ¿cómo el ribosoma podrá asociar un codón del ARNm con un aminoácido disperso en el citoplasma? ¿De dónde saca el conocimiento para saber que a un codón concreto debe asociarlo a un aminoácido específico?

En 1955 Francis Crick, el codescubridor junto con James D. Watson de la estructura helicoidal del ADN, propuso que la forma en la cual se produce la traducción de los codones de los genes en proteínas debía requerir la presencia de un adaptador que pudiera servir para relacionar un aminoácido concreto con un codón o grupo de codones que lo codifiquen (nótese que este sistema tiene una redundancia de tal modo que, para un aminoácido pueden haber desde un solo codón hasta 6 distintos que lo codifiquen). A este adaptador, cuando se confirmó su existencia, se la llamó ARNt (ARN de transferencia). Su forma es parecida a un trébol tal como se muestra en la siguiente figura:

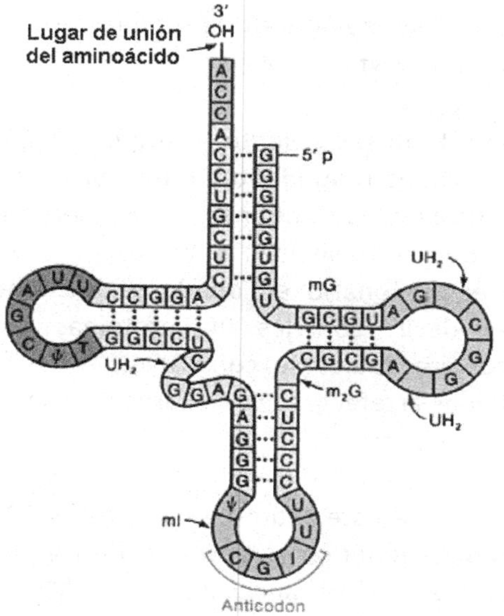

Como se puede observar en la figura el ARNt tiene una forma de cruz donde en la parte superior se une a un aminoácido específico y no a ningún otro. Esta especificidad se corresponde con su código de enlace en la parte inferior llamado "Anticodon" por ser complementario al codón que codifica el aminoácido en el ARNm.

Pero las simples complementaridades no justifican los acoplamientos químicos siendo necesario el concurso de enzimas, es decir, de un tipo especial de proteínas que realizan un trabajo de catálisis, es decir, fomentan un enlace molecular participando así en la construcción de artefactos moleculares. De este modo para los 20 adaptadores ARNt necesitaremos a su vez de 20 enzimas llamadas aminoacil-tARN sintetasa (aaRSs para abreviar) que realizaran la unión de un aminoácido específico con un ARNt específico.

Dado que para todo ser viviente se requieren 20 aminoácidos distintos codificados redundantemente por 64 combinaciones posibles de tripletes de codones, se requerirán también 20 adaptadores que son asistidos a su vez por 20 enzimas que constituyen el diccionario en donde se encuentra el código genético, es decir, son las 20 proteínas aminoacil-tARN sintetasas con las cuales se construyen todas las proteínas, enzimas y demás artefactos moleculares necesarios para todos los seres vivos de la tierra.

Lo sorprendente de este asunto es que estas 20 enzimas que forman el código genético se encuentra en el mismo ADN, lo cual tiene la crucial implicancia de que el ADN no solo tiene información funcional necesaria para que un ser viviente pueda existir, sino que también tiene a su vez en su seno los 20 genes que permiten transcribir los 20 enzimas aaRSs que permiten que ellos mismos y todos los demás genes puedan traducirse en polímeros.

Esto significa que tenemos 20 genes dentro del genoma que para ser sintetizados ¡Necesitan la información que ellos mismos contienen!, es decir, ¡El código genético de la vida en la tierra no puede prescindir de sí mismo para funcionar!

¿Qué pasaría si fallara uno de los 20 genes del código genético? Si se diera este caso tendríamos un aaRSs defectuoso que no enlazaría el aminoácido correcto y siendo así perderíamos todo el código genético ya que la síntesis del resto no sería tampoco posible. Y si no tenemos ARNt funcionales no tendremos transcripción para el resto del genoma derrumbando así todo el gigantesco edificio de la vida. En otras palabras, **¡Necesitamos que un proceso de abiogénesis (la aparición de vida desde materia no viviente) sea capaz de producir los 20 genes necesarios para sintetizar los 20 aaRSs del código genético de una sola vez! No admitiendo, por causa de esta auto-referencia, su posible aparición por etapas.**

Difícilmente podría obviarse la inferencia de diseño inteligente que el sistema de síntesis proteica de la biología presenta. Sin embargo, la mayoría de biólogos hoy en día no reconocen semejante inferencia. Desde hace siglo y medio ha sido inculcada en sus mentes con gran éxito la idea de que la naturaleza es capaz de inventar, mediante una evolución de la materia, que ni siquiera es darwiniana por ser aún prebiótica, estos fabulosos procesadores sin la intervención de inteligencia alguna.

No obstante, si esto fuera cierto deberían existir en la naturaleza otros ejemplos de procesadores que no pertenezcan a la biología ya que la naturaleza tendría el poder de crearlos, pero no es el caso. No existe ninguno.

El problema del origen de la vida plantea precisamente la dificultad de dicha ausencia. Se especula que anterior al primer ser vivo existieron protobiontes, es decir, procesadores precursores prebióticos, pero nunca se ha encontrado uno ni rastro de que hayan existido alguna vez.

El biólogo y periodista español Javier Sampedro describe estas circunstancias:

"Un tema central de este libro es la evolución modular. ¿Puede ese esquema ayudar en algo en el asunto del origen de la vida? Dan ganas de pensar que sí: seguramente la célula bacteriana primordial – llamémosla Eva – no se formaría de un golpe para pillar por sorpresa a todos los grumos prebiológicos estúpidos que flotaban a su alrededor por el estanque templado o la sopa química en la que evolucionó la vida. Si Eva iba a ser tan compleja es tentador pensar que sus subsistemas debieron formarse mucho antes que ella. Incluso que las pequeñas partes de sus subsistemas se hubieran ido formando y que, dotadas de cierta autonomía, se hubieran reproducido, esparcido, diseminado. Algunas de sus combinaciones, puestas en común por el azar del encuentro, habrían logrado un éxito parcial de mayor nivel y luego se hubieran diseminado también. Algunas combinaciones se habrían alzado a un nivel mayor de integración de sistemas. Al final - al final del principio -, algunas combinaciones de combinaciones de combinaciones de partes (de partes con sentido) hubieran dado lugar a varias Evas que se habrían revelado como un nivel de organización mejor y más eficiente que todo lo anterior, y que habrían propagado su éxito para después seguir evolucionando de forma más fructífera que nunca. Nada se opone a un esquema de este tipo. Es más, muchos científicos que insisten en la naturaleza gradual de la evolución postcelular (a la que se refiere el darwinismo propiamente dicho) aceptaría de buen grado un esquema modular para la evolución precelular.

La idea, sin embargo, se enfrenta un problema muy grave. Si las cosas hubieran sido como acabamos de referir, cabría esperar encontrar por algún lado a los descendientes de esos seres autónomos y parcialmente exitosos que precedieron – y construyeron – a Eva, ¿no? Por incompletos o imperfectos que fueran según nuestras escalas, los descendientes de esas pre-Evas serían hoy seres vivos respetables. Algunos habrían encontrado nuevas combinaciones que, aunque no tan perfectas como Eva, habrían elevado a su estirpe a unos índices de organización más altos. Hoy encontraríamos en los seres vivos muchas formas de que una célula pudiera organizarse de forma compleja, algunas mejores que otras, algunas más flexibles para evolucionar que otras, muchas de ellas igual de buenas y de flexibles pero cada una con sus peculiaridades, con sus distintas soluciones, con sus caprichos. ¿No hubiera usted predicho eso? Yo sí, desde luego.

Echemos un vistazo a todos los ejemplos de evolución modular que hemos considerado en capítulos anteriores. El surgimiento de la célula eucariota no hizo desaparecer a las bacterias – a los módulos- que la constituyeron: los descendientes de esos módulos siguen hoy mismo nadando por ahí. La evolución de Urbilateria no hizo desaparecer a los metazoos de simetría radial que aportaron a Urbilateria sus módulos, formados por un gen selector y una batería de genes downstream. Si la primera bacteria se formó por evolución modular, es decir, por la agregación o duplicación de subsistemas coherentes más o menos autónomos, yo esperaría encontrar rastros actuales de esos subsistemas, o al menos una combinación de ellos que fuera diferente de la omnipresente solución que dio lugar a todos los seres vivos que existen en la Tierra, incluido el código genético universal en este planeta. ¿Dónde están esos rastros del pasado celular de la primera célula? No los hay, que sepamos. Por supuesto que siempre puede uno agarrarse a que la aparición de la vida celular fue un éxito tan rotundo que barrio del mapa a todo lo anterior, pero, sinceramente, creo que las escusas de este tipo son de todo punto inútiles en la ciencia teórica. Las predicciones de la evolución modular no se cumplen en el caso del origen de la primera célula. Punto" Deconstruyendo a Darwin. Pags. 207-208

Este razonamiento de Sampedro es muy relevante como evaluación honesta y lucida de la evidencia que tenemos sobre la absoluta inexistencia de todos los pretendidos precursores prebióticos que se han propuesto y se siguen proponiendo con denuedo en los laboratorios de biología y en las mentes de los biólogos teóricos implicados en la búsqueda de un origen naturalista del código genético en particular y de la vida en general.

Podemos realizar muchas ingeniosas hipótesis sobre si el ARNt antecede al aaRSs, o si existió un mundo de ARN con ARN autoreplicantes, o si los aminácidos pueden sintetizarse directamente de los codones por afinidad estereoquímica, o si el código procede de un "accidente congelado" y un largo etcétera. Sin embargo, no podemos obviar la realidad semiótica y funcional del contenido del ADN y su interdependencia con la maquinaria celular. La circuitería de un ordenador (el hardware) sin software no hace nada y el software sin hardware tampoco hace nada. La información funcional del ADN expresada en codones de bases para representar aminoácidos por la intermediación de un diccionario (el código genético) que a su vez está autorreferenciado en el mismo, no pueden proceder de la fisicoquímica, son marcas esenciales de diseño. En este sentido si en la Tierra no hay rastros de ancestros prebióticos no es porque los mismos si existen en un imaginario planeta más idóneo. No existen porque simplemente, aunque los naturalistas nunca lo quieran aceptar, la vida es fruto de un diseño donde el hardware y software biológicos no son fruto de ninguna coevolución, sino que constituyeron desde un principio un diseño en el que son funcionalmente interdependientes. La carta de la biología no es pues un contenedor de letras determinado por la afinidad del papel con ellas, sino es un verdadero mensaje. Y ningún mensaje viene de la nada ni adquiere significado coherente por casualidad. Una palabra cualquiera tiene una naturaleza semántica, es decir, tiene significado porque procede de un convenio de comunicación en el cual un emisor y un receptor acuerdan el significado de la palabra implicada su comunicación. Y aunque pudiera haber una emisión sin recepción no existirá nunca una recepción sin emisión.

No obstante, la ausencia de prueba no es prueba de ausencia así que el hecho de no encontrar procesadores prebióticos no debería demostrar que un procesador sea necesariamente producto de diseño inteligente. Más bien, para fundar adecuadamente su inferencia de diseño ésta debe basarse en que un procesador tiene ciertas características que sólo pueden ser producto de diseño.

Primero, la primera característica de un procesador es que tiene una funcionalidad siendo por ello una estructura funcional. Como se vio en el capítulo anterior, una función implica la presencia de un propósito y en consecuencia la satisfacción de una necesidad para una entidad que puede ser el propio procesador o un ente exterior a él.

Segundo, la operatividad funcional implica la necesidad de información prescriptiva que dirija, regule y configure las interrelaciones de los componentes que participan en el funcionamiento del sistema procesador, es decir, los planes de operación, regulación y montaje.

Tercero, dichas interrelaciones entre los componentes del procesador disponen de coherencia de contexto.

Tercero, un procesador al encapsular más de un mecanismo de transformación presenta una sociedad productiva de componentes con complejidad mínima funcional conocida mayormente como complejidad irreductible.

La primera característica ya ha sido tratada en el capitulo anterior y las tres restantes se trataran en los capítulos siguientes.

Capitulo 3

INFORMACIÓN COMPLEJA ESPECIFICADA

Transportar objetos o personas de modo inmediato a otro lugar cercano o incluso a un lejano lugar en el otro extremo del universo es un reclamo bastante recurrido por la ciencia ficción. El tele-transportador es un extraordinario artefacto que dispondría de una tecnología capaz de transportar objetos de modo instantáneo a otras partes del espacio Para hacer esto los ingenios de tele-transportación deben ser capaces de registrar toda la información que describe físicamente a un objeto a fin de permitir luego reconstruirlo en otro lugar. Para hacerlo, y no producir una mera copia en el punto de destino, desintegra el objeto en el origen, transporta dicha información por un pretendido agujero de gusano de la física cuántica y lo reintegra en un receptor que podría encontrarse en el otro extremo del universo.

Hoy en día la tecnología de teletransportación no está resuelta científicamente. Sin embargo, ya existe un logro no menos asombroso y fantástico que sí está resuelto y permitirá en el futuro la comunicación en tiempo real entre puntos separados no solo por distancias planetarias, sino incluso por distancias estelares. Esta asombrosa tecnología digna de la ciencia ficción es tecnología reciente y está resuelta mediante un misterioso principio físico llamado entrelazamiento cuántico. La misma no solo permitirá comunicaciones inmunes a la interceptación, sino también de carácter instantáneo. Si actualmente con una comunicación entre la Tierra y Marte implicaría 40 minutos entre el envío y la respuesta, y casi 9 años para lo mismo si una nave quisiera comunicarse con la Tierra desde la estrella más cercana Alfa Centauro, con la tecnología de comunicación basada en el entrelazamiento cuántico las comunicaciones volverán a parecer totalmente locales permitiendo conversaciones en tiempo real sin retardo (para ello los transceptores de la tierra y la nave deben entrelazarse primero antes de partir esta última). En este sentido, si bien toda la tecnología de la teletransportación no está resuelta, la concerniente a la instantaneidad de la comunicación al margen de la distancia si lo está.

Lo rescatable del ejemplo de la tele-transportación, no obstante, es que ésta nos ilustra bastante bien lo que es la información física. Es decir, aquella que es la necesaria y suficiente para reconstruir físicamente algo.

Nuestra actual tecnología, ya incluso desde el siglo XIX con el telégrafo y el teléfono, nos permite tele-transportar información, si bien no para reconstruir físicamente y por completo un objeto físico, si para permitirnos tele-transportar una representación visual o auditiva del objeto o fenómeno físico. La televisión y la radio son ejemplos claros de un tele-transportador incompleto.

Estos equipos, al igual que el tele-transportador de la ciencia ficción, también escanean el objeto o escenario físico para convertirlo en información. Si bien no pretenden realizar un transporte si pretenden transportar, por un canal de comunicación, una representación del mismo. A diferencia del anterior caso lo que se transporta es una información mucho menor. Si antes se trataba de información física ahora se trata de información de Shannon.

Claude E Shannon en su Teoría Matemática de la Información de 1948 propuso que la información puede concebirse como una medida de la incertidumbre de un mensaje. Esto significa que si una parte del mensaje no tiene incertidumbre por ser previsible entonces no aporta información. En caso contrario si dicho componente del mensaje es imprevisible, su grado de sorpresa involucrará mayor información.

¿A qué tipo de información se refiere Shannon? ¿A información física? No. Shannon era un ingeniero al que le interesaba lo relacionado con la información que puede ser transmitida por un canal de comunicación para reproducir una representación de la realidad. No de la propia realidad. La información que tele-transporta un sistema de televisión o radio era lo que a Shannon le interesaba analizar no la información física que sería de interés para un ingeniero que realmente quisiera abordar aquella tele-transportación de la materia que alude la ciencia ficción.

Con estos ejemplos quiero dejar claramente establecido que la información física es distinta a la información de Shannon. Esta última ingresa en el ámbito de las creaciones humanas y, por ello, es información artificial ya que requiere un sistema intérprete ante el cual medir la incertidumbre. No sucede así con la información física ya que ésta describe todo lo que hay sin necesitar la evaluación de incertidumbres ante ningún sistema intérprete. Es verdad que la información física puede reducirse a información de Shannon en una comunicación, pero esto no es una conversión de su naturaleza, sino tan solo una traducción a otro tipo de información.

Ahora bien, hay un tercer tipo de información que es capaz de prescribir la construcción de un objeto o proceso. Si la información física puede describirlo y la información de Shannon puede comunicar una representación de este, la información prescriptiva podrá hacer algo distinto de las anteriores. Ni describe, ni representa más bien prescribe cómo puede generarse, es decir, es creativa.

Para efectos de resumen de lo indicado hasta ahora podemos definir los tres tipos del modo siguiente:

Información física	Describe de modo completo un objeto o sistema.
Información de Shannon	Comunica la representación de un objeto o sistema. Comunica un mensaje.
Información prescriptiva	Prescribe el desarrollo o generación de un objeto o sistema. Crea.

Sobre la información física no cabe duda que es un tipo de información que existe en la naturaleza. La información de Shannon, en cuanto a que se trata de información para hacer representaciones inteligibles por parte de seres humanos, no es pues información natural.

Pero cuando hablamos de información prescriptiva, hablamos de aquella que ha sido "especificada", es decir, que ha sido elegida arbitrariamente para un portar un significado o función particular. ¿Podremos adjudicarle un origen natural y podemos considerar que la naturaleza puede producirla? ¿Que elige o especifica? O dicho de otra manera ¿Pueden las leyes naturales producir especificación o ello solo lo puede producir una entidad inteligente?

Sabemos que se pueden producir fenómenos de auto-organización en la física de plasmas, el láser y la química. Una auto-organización implica una estructuración compleja que puede ser alcanzada por medios estrictamente naturales y por el concierto dinámico de las leyes físicas o físico-químicas. Si la complejidad biológica pudiera ser una extrapolación plausible de estas posibilidades físicas, entonces la abiogénesis (el origen de la vida desde elementos no vivos) sería un fenómeno factible. Pero la complejidad biológica, que reconocemos es especificada, tiene dos posibilidades: o lo es como fruto de las leyes naturales tal como lo sostiene el naturalismo materialista o es fruto de un agente inteligente tal como lo sostiene el diseño inteligente.

Sabemos que una obra literaria se escribe como fruto de la creatividad de su autor, del mismo modo que una obra musical. Sin embargo, en ambos casos la primera deberá ceñirse a las reglas gramaticales como en el segundo caso a las reglas musicales. Pero nadie diría que las reglas gramaticales por si solas pueden producir una obra literaria o las reglas musicales pueden producir una obra musical. Ambos son información expresada en una ristra de letras para el primer caso y sonidos para el segundo. El orden particular de los mismos componen un significado específico susceptible de ser interpretado por agentes capaces de recibirlo y decodificarlo.

Si un agente recibe una ristra de información que no puede decodificar no significa que dicha ristra no contenga información, sino que la misma no es significativa para el agente, del mismo modo que un libro es un conjunto de galimatías sin significado para quien no sabe leer. En cambio **una información será significativa cuando exista siquiera un intérprete o mecanismo de interpretación que pueda reaccionar al mensaje**.

La información natural se distingue de la información especificada por la significancia de su contenido. Y dicha significancia es la que establece su carácter funcional. Es pues la funcionalidad un constructo de la significancia de una estructura y dicha significancia está relacionada a un intérprete que será el usuario de la funcionalidad.

Es por esto que cualquier libro que constituya un batido de letras sin concierto alguno no puede considerarse una obra literaria, como tampoco un conjunto de sonidos discordantes y sin concierto alguno puede pasarse como obra musical. Son galimatías y como tales no pueden ser funcionales a un intérprete específico. Sin embargo, esto no demuestra que no sea especificada ya que no podemos discriminar aún si es o no información especificada porque no sabemos si existe siquiera un intérprete que pueda encontrar especificación donde solo vemos un galimatías.

Una ley física, por ejemplo, es una regla de reacción establecida entre agentes físicos. Cuando una partícula de materia reacciona a un campo gravitatorio lo hace por virtud de una ley física y dicha ley no es otra cosa que un convenio de reacción con la cual la partícula es "informada" de la presencia del campo y por consecuencia conducida a reaccionar al mismo con un comportamiento matemáticamente establecido por dicha ley. Y dicho convenio no es otra cosa que INFORMACIÓN.

¿Qué significa esto?

Significa que todo tejido estructural en nuestro universo esta "tejido" a un nivel básico por las leyes de la física.

¿Esto significa entonces que las leyes por si solas tiene la "inteligencia" para "tejer" o "construir" complejidad especificada, o dicho de otro modo, producir información compleja especificada, la ICE de William Dembski?

Definitivamente a un nivel básico las leyes de la física permiten nuestra existencia, es decir, la complejidad biológica. ¿Pero también la explican?

Para encontrar una respuesta a este interrogante necesitamos conocer lo que es un "nivel de abstracción", pero antes tenemos que distinguir mejor donde trabaja la especificación.

En primer lugar hay que entender que significa un nivel básico. Este es un primer nivel de abstracción sobre el cual se pueden establecer reglas en sucesivos niveles superiores. Por ejemplo, el alfabeto es el nivel básico de un sistema de escritura. En un segundo nivel de abstracción puedo agrupar letras para que en un número y orden precisos signifiquen fonemas (palabras habladas). En un tercer nivel de abstracción yo asocio estas palabras, que son a su vez conjuntos de letras, para formar frases y oraciones que tengan un sentido concreto. En todos los niveles estamos hablando de información, pero no de la misma información. En todos los niveles también hablamos de complejidad, pero no de la misma complejidad. Y ello es así porque para crear dichos niveles superiores tenemos que hacer uso de una ESPECIFICACIÓN que determine el significado de los grupos de letras o grupos de palabras según el nivel de abstracción que hayamos también especificado.

Una bacteria, el tipo de ser viviente más sencillo que existe, ¿Puede surgir de las leyes naturales tal como la abiogénesis lo exige? Para responder a esta pregunta, por todo lo visto hasta aquí, habría que responder a esta otra:

¿Cuál es el grado de abstracción de un sistema biológico?

Si los sistemas biológicos respondieran directamente de las leyes físico-químicas podríamos decir que su grado de abstracción sería básico y por lo tanto la abiogénesis debería ser posible, pero todos sabemos que los procesos metabólicos, reproductivos y regenerativos precisan de una información que no está "codificada" directamente en las leyes físico-químicas, sino en una plataforma de información llamada ADN. Este hecho supone un grado de abstracción superior al físico-químico basado en dos sistemas de codificación de aminoácidos; el nuclear y el mitocondrial.

Es por ello que cuando Watson y Crick descubrieron la estructura del ADN y su función como plataforma de información para el código biológico. Muchos biólogos enmarcados en el naturalismo materialista les resultó inquietante el carácter informático de la complejidad biológica. Pero no se inmutaron, miraron a otra parte y evadieron la consecuencia a la cual lleva esta realidad: Que la vida es en realidad producto del desarrollo de un complejo algoritmo biológico y no de un fenómeno de auto-organización natural como se busca con denuedo establecer. Procede de un tipo de complejidad e información sustantivamente diferentes a los existentes en los sistemas dinámicos auto-organizativos naturales tales como la famosa reacción Belousov-Zhabotinsky que genera espirales de colores. Se trata de información y complejidad algorítmica.

Los biólogos teóricos David L Abel y Jack T Trevors en su artículo "Tres subconjuntos de secuencias complejas y su relevancia para la información bio-polimerica" explican cómo se deben distinguir 3 tipos de secuencias complejas: la SCA (Secuencia compleja aleatoria) la SCO (Secuencia compleja ordenada) y la SCF (Secuencia compleja funcional). En su profundo análisis del tema llegan a la siguiente conclusión sobre las posibilidades de que la algorítmica biológica sea fruto de procesos dinámicos de auto-organización natural:

"Los fenómenos de auto-organización se observan diariamente de acuerdo con la teoría del caos. Pero en ningún caso conocido pueden auto-organizarse fenómenos como los huracanes, los montones de arena, la cristalización, o ser capaces de producir fractales de organización algorítmica. ***Una auto-organización***

algorítmica nunca ha sido observado a pesar de numerosas publicaciones que han hecho mal uso del término. La organización siempre surge de la elección contingente, no de la necesidad o de la oportunidad de contingencia.

La reducción de la incertidumbre (mal llamada "entropía mutua") no puede medir la información prescriptiva (información que específicamente informa o da instrucciones). ***Cualquier secuencia que específicamente nos informa o establece cómo alcanzar el éxito por sí contiene controles de elección. Las limitaciones de la física dinámica no son la elección de los contingentes. Las secuencias prescriptivas se llaman "instrucciones" y "programas". Ellos no son meramente secuencias complejas, son algoritmos de secuencias complejas. Son cibernética. Las secuencias aleatorias pueden tener máxima complejidad, pero las mismas no hacen nada útil. La instrucción algorítmica es invariablemente la clave para cualquier tipo de organización sofisticada, como se observa en cualquier célula.*** *No existe un método para cuantificar la "información prescriptiva" (las instrucciones cibernéticas).*

La presencia de funciones en el ácido nucleico no se pueden explicar mediante tesis del tipo: "orden surgiendo del caos" o "orden al borde del caos". Los cambios físicos de fase no pueden escribir algoritmos. Las matrices biopoliméricas con alta retención de información se encuentran entre las entidades más complejas conocidas por la ciencia. No actúan y no pueden surgir de los fenómenos auto-organizativos de baja información. En lugar de orden desde el caos, el código genético se ha optimizado para ofrecer algoritmos altamente

informativos, aperiódicos y con complejidad específica*. Dicha complejidad especificada generalmente se encuentra más cerca del extremo no compresible y no ordenado del espectro de la complejidad que a su extremo altamente ordenado (Fig. 4). Los patrones suele ser el resultado de la reutilización de los módulos de programación o palabras. Pero esto es sólo secundario a la elección contingente que utiliza una mejor eficiencia. El orden en sí mismo no es la clave para el uso prescriptivo de la información".* Énfasis en negrita añadido.

En el artículo titulado "El Origen Algorítmico de la Vida", cuyos autores son Sara Imari Walker del Instituto de Astrobiología de la NASA y el físico Paul Davies del Centro BEYOND para Conceptos Fundamentales de la Ciencia de a Universidad de Arizona, se formula un dictamen significativo sobre cómo la aparición de la información prescriptiva func onal es el escollo principal en la discusión sobre la factibilidad de la emergencia de la vida desde un mero marco causal físico-químico:

"Mientras que la medición teórica estándar de la información, tal como la información de Shannon, han demostrado ser útil, la información biológica tiene una cualidad adicional que a grandes rasgos se puede llamar "funcionalidad" o "contextualidad" que la diferencia de una colección de bits como mero contenido de la información caracterizada por Shannon. La información biológica comparte algunos puntos en común con la noción filosófica de la información semántica (lo que es más comúnmente, y en rigor, aplicable en el campo de fenómenos de "alto nivel" tales como el lenguaje, la percepción y la cognición). *El desafío presentado al exigir que se apele a un contexto global confunde a cualquier intento de* *definir la información biológica en términos de las variables locales solamente, y sugiere algo fundamentalmente distinto sobre como los sistemas vivientes procesan la información.* ***En este artículo postulamos que es la transición a la causalidad dependiente del contexto, mediado por el inicio del control de la información, lo que constituye la característica definitoria de la vida.*** *" Énfasis en negrita añadido.*

Luego de tratar cómo la información biológica se distingue por poseer un tipo de eficacia causal, prosiguen diciendo:

"El verdadero desafío del origen de la vida es, pues, explicar cómo los sistemas de control de instrucción de información surgen de forma natural y espontánea de las meras dinámicas moleculares." *Énfasis en negrita añadido*

En conclusión, Amari y Davies nos dicen qué, pese al previo y reiterativo enfoque de considerar el problema del origen de la vida como un problema de hardware, ponen en relieve que el verdadero desafío supone encontrar cómo apareció el software biológico. Si bien Amari y Davies solo exponen el problema y sugieren un cambio de enfoque en los criterios para abordar el problema del origen de la vida principalmente desde su aspecto informático, eluden admitir, a diferencia de Abel, la imposibilidad de que dichos sistemas de control de instrucción de información biológica puedan surgir de modo natural.

Pero el escenario que con denuedo presenta el naturalismo de elementos bioquímicos cuyas funciones se ensamblan para cumplir funciones más complejas sin prescripción alguna que la sola presión adaptativa. No es improbable, sino imposible. La naturaleza semiótica y algorítmica de la información biológica hace de la misma un mensaje y un mensaje nunca resuelve su significado desde su soporte material, sino por la disposición holística (donde el todo es más que la suma de las partes) que el autor del mensaje ha organizado sobre dicho soporte. Para decirlo de un modo más claro, una receta de cocina o plan operativo cualquiera jamás resuelve su significado simplemente por su conjunto de letras, sino, más bien, por una organización específica de dichas letra que refleje un significado interpretable tanto para el emisor como para el receptor. Por lo tanto, la información prescriptiva biológica no puede nacer de la mera composición de sus elementos químicos, del mismo modo como una carta con mensaje inteligible no nace de la mera composición azarosa de sus letras.

Ahora bien, hemos reparado en la imposibilidad de la naturaleza para generar los mensajes biológicamente computables característicos de la vida, pero el naturalismo no solo sostiene que dicha información pudo tener un origen natural desde la materia, sino que, una vez la vida ya existe, también nueva información funcional biológica es susceptible de tener producción natural mediante el mecanismo megaevolutivo darwiniano, aquel que consiste en el surgimiento de nueva información funcional mediante una selección natural operando sobre mutaciones azarosas en copias de genes que permitan la aparición de nuevas funciones (neofuncionalización). Esta propuesta implicaría que el nuevo gen encuentre un contexto funcional en donde ser útil, pero para que ello suceda debe existir previamente dicho contexto funcional a fin de organizar su participación. Esto significa que no basta con explicar la aparición de un componente, sino que también tenemos que explicar la aparición del contexto funcional en donde participaría el mismo. No solo necesitamos las piezas, necesitamos el procedimiento que organiza a las piezas para desarrollar la función. Decir que la aparición de un nuevo gen basta para solucionar la aparición de nueva información funcional, tal como lo alude el gradualismo darwiniano, resulta bastante ingenuo. A fin de ilustrar esta dificultad de una manera más gráfica veamos el ejemplo de la selección mercantil:

En un supermercado tenemos una gran variedad de productos que han sido fabricados. Estos productos tienen parámetros de producción, funciones de uso e información prescriptiva de fabricación. Serían estos los símiles de los seres vivientes. El público se comportaría como la acción del entorno y la selección natural ya que preferirán los productos más aptos, es decir, para este caso lo productos cuyos parámetros de producción sean los más atractivos para el público y cuyas funciones sean las necesitadas por el mismo. De acuerdo a las preferencias del público (el equivalente de la selección natural) se elegirán ciertas marcas en preferencia a otras. Algunos productos serán replanteados y otros saldrán del mercado por el influjo selectivo del público. De este modo vemos que en un mercado existe una "evolución" de los productos ya que estos efectivamente cambian con el tiempo. Pero, he aquí la gran pregunta:

¿Prescribe el público la información prescriptiva de fabricación de los productos a sus fabricantes?

No. Pueden prescribir que parámetros son más óptimos a los fabricantes, he incluso si determinadas funciones o usos realizados por dichos productos pueden ser más apreciados, pero de allí a prescribir como se fabrican no sucede jamás, ni en este macromundo mecánico ni en el micromundo químico ni en el mundo de nunca jamás, y ello porque tanto en la selección mercantil como en la selección natural no existe ninguna capacidad para prescribir información de organización estructural, es decir, la algorítmica de fabricación y/o generación.

Ningún cliente va al mercado y le dice al vendedor "Mira aquí te traigo el diagrama esquemático de los circuitos impresos así como la lista de los dispositivos electrónicos que debes usar para ensamblar este dispositivo que quiero comprar" o un señora va a la farmacia y le dice al farmacéutico: "Esta es la lista de las sustancias químicas y el flujograma de procesos que debes realizar para fabricar este fármaco". Los clientes no prescriben cómo se fabrican los productos a los fabricantes, ellos solo elijen el producto que mas desean o creen conveniente. Pero incluso, aunque pudieran alguna vez hacerlo, estos tiene algo que la naturaleza no tiene: inteligencia.

El físico británico Roger Penrose en su libro "La mente nueva del emperador" detecta esta misma dificultad. En las páginas 368 y 369 bajo el subtitulo: "¿SELECCIÓN NATURAL DE ALGORITMOS?" dice lo siguiente:

"Imaginemos un programa ordinario de computadora. ¿Cómo legó a formarse? Es evidente que no (directamente) por

selección natural. Algún programador humano de computadoras lo habrá concebido, verificando que realiza correctamente las acciones que se supone debe hacer. (En realidad, muchos programas de computadora complicados contienen errores —normalmente menores, pero a menudo muy sutiles y que no salen a la luz excepto en circunstancias muy poco comunes. La presencia de tales errores no afecta medularmente a mi argumento.) A veces un programa de computadora puede haber sido "escrito" por otro programa, digamos un programa de computadora "maestro", pero en tal caso el propio programa maestro habrá sido el producto del ingenio y la intuición humanos; o el programa podría perfectamente ensamblarse a partir de ingredientes, algunos de los cuales son los productos de otros programas de computadora. Pero en todos los casos la validez y la misma concepción del programa habrá sido en última instancia responsabilidad de (al menos) una conciencia humana.

Podemos imaginar, por supuesto, que no es necesario que haya sido así y que, dado el tiempo suficiente, el programa de computadora pudo haber evolucionado espontáneamente por algún proceso de selección natural. Si creemos que las acciones de las conciencias de los programadores de computadoras son en sí mismas simples algoritmos, entonces debemos creer que los algoritmos han evolucionado de esta misma forma. Lo que me molesta de esto, sin embargo, es que la decisión sobre la validez de un algoritmo no es en sí misma un proceso algorítmico. Ya hemos visto algo de esto en el capítulo II. (La cuestión de si una máquina de Turing se parará o no, es un punto que no puede decidirse algorítmicamente.) Para decidir si un algoritmo funcionará o no, necesitamos perspicacia, y no sólo otro algoritmo.

De todas formas, aun sería posible imaginar algún tipo de proceso de selección natural que fuera efectivo para producir algoritmos aproximadamente válidos. Sin embargo, yo personalmente encuentro esto muy difícil de creer. ***Cualquier proceso de selección natural de este tipo actuaría sólo sobre el output de los algoritmos* y no directamente sobre las ideas inherentes a los algoritmos. Esto no sólo es extremadamente ineficiente; creo que sería totalmente impracticable. En primer lugar, no es fácil verificar cuál es realmente un algoritmo mediante un simple examen de su output. (Sería bastante sencillo construir dos acciones simples y muy diferentes de máquina de Turing para las que las cintas de salida no difieran hasta, digamos, el lugar de 2 elevado a 65536, diferencia que no se podría reconocer en toda la historia del Universo.) Además, la más ligera "mutación" de un algoritmo —por ejemplo, un pequeño cambio en la especificación de una máquina de Turing o en su cinta de input—podría hacerla totalmente inútil, y es difícil ver siquiera cómo de esta forma aleatoria podrían aparecer mejoras reales en los algoritmos. (Incluso las mejoras deliberadas son difíciles sin que estén disponibles los "significados". Esto se confirma por los casos no poco frecuentes en los que un Programa de computadora complicado y mal documentado necesita ser alterado o corregido y el programador original se ha marchado o quizá ha muerto. Antes que tratar de desentrañar todos los diversos significados e intenciones de los que el programa depende***

explícitamente, probablemente sea más fácil desecharlo sin más y empezar todo de nuevo.)*" Énfasis en negrita añadido.(8)*

Sé de primera mano cuan cierto es lo último que refiere Penrose, pero lo importante es notar cómo este físico británico, cuya mente no es en absoluto desdeñable, reconoce enfáticamente que la selección actúa sobre el output y en consecuencia no puede en absoluto prescribir el propio algoritmo.

El entorno, con el concurso de la selección natural y toda la eternidad si fuese preciso, no puede prescribir información prescriptiva para la organización algorítmica de la más mínima función biológica.

Tal como se analizó en el ejemplo del supermercado los clientes no saben, y aún sabiendo, no pueden prescribir a los fabricantes cómo fabricar sus productos solo en virtud a su elección de productos en el supermercado. Solo pueden indicarles a los fabricantes cuales son las características (parámetros) que determinan un mayor éxito en las ventas y cuáles no. No construyen mayor complejidad funcional porque NO PUEDEN.

Del mismo modo, como bien lo señaló Penrose, nunca un algoritmo puede ser prescrito por la selección de sus desarrollos. Lo cual sería como creer que los compradores de software construyen los programas al elegir en una tienda el programa que quieren comprar. Así solo seleccionan un output más no la estructura algorítmica necesaria para hacerlos funcionar. Aplicando a la biología las consideraciones aquí señaladas puede decirse qué, si bien tanto la microevolución como la macroevolución son plenamente factibles, no lo es en cambio la megaevolución.

Las dificultades señaladas hallan un referente muy importante en el fenómeno llamado pleiotropía. Este fenómeno consiste en la reutilización de un gen en varias etapas de un proceso embriogénico. De este modo, tal como sucede con la reutilización algorítmica de un procedimiento o función en distintas partes del desarrollo de un programa informático, la expresión del gen es invocada repetidamente en distintas fases de un desarrollo biológico particular.

Para que un gen pueda ser invocado en desde distintos contextos funcionales necesita poder discriminar cuándo es invocado por un contexto funcional específico y cuándo por otro sin posibilidades de confusión. Para ello necesita tener no una, sino varias zonas de regulación llamadas "intensificadores" que actúen como interruptores específicos para cada caso particular de expresión.

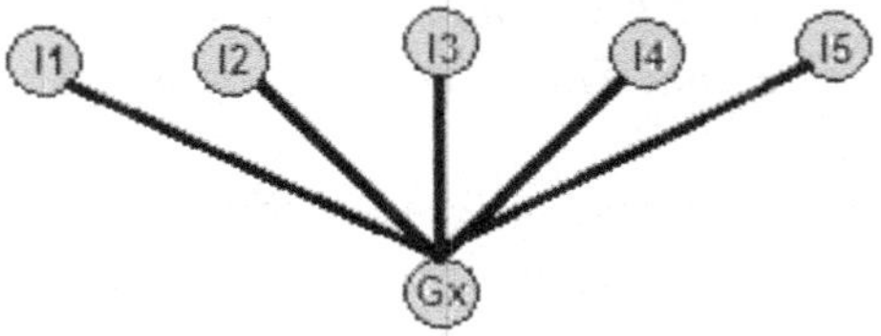

El gráfico muestra a un gen X del cual dependen 5 contextos funcionales diferentes representados por los 5 intensificadores que regulan su expresión en distintas fases de desarrollo morfológico. Si Gx muta todos los procesos regulados por los intensificadores se verán comprometidos, pero si la mutación ocurre en un intensificador ello no comprometerá la expresión de Gx en el resto de contextos funcionales.

En el artículo de Sean B. Carroll, Benjamin Prud'homme y Nicolas Gompel "La regulación de la evolución" se explica bastante bien cómo el gen pleiotrópico de la mosca de la fruta llamado Yellow es invocado para distintos fines fenotípicos:

"Muchos genes se expresan solo de maneras que son específicas del órgano, tejido o tipo de célula en que se encuentren. Determinas secuencias no codificadoras del ADN, los "Intensificadores", desempeñan un papel fundamental a la hora de decidir cuándo y dónde se produce la expresión. Los intensificadores son uno de los componentes de los "interruptores genéticos" que activan o desactivan genes en el momento y lugar preciso del organismo. El otro componente es un tipo de proteínas, los factores de transcripción, que se unen a determinadas secuencias de ADN. Dentro de un núcleo celular, la unión de los factores de transcripción al intensificador establece si el interruptor (y, por lo tanto, el gen) se halla activado o no en la célula correspondiente.

Cada gen tiene al menos un intensificador. A diferencia de los propios genes, cuyas regiones codificadoras se identifican fácilmente gracias a la gramática bastante simple del código genético, no se reconoce a los intensificadores por sus secuencias de ADN; hay que descubrirlos experimentalmente. Por regla general, los intensificadores adquieren una longitud de algunos cientos de pares de bases y se encuentran a cualquier lado de un gen, o incluso dentro de una región no codificadora de su interior. También pueden hallarse a un distancia de miles de nucleótidos del gen.

Con respecto a lo que nos ocupa, lo importante es que algunos genes poseen muchos intensificadores distintos. Eso resulta particularmente cierto en el caso de los genes que codifican las proteínas que moldean las formas anatómicas. Cada intensificador regula de manera independiente la expresión en distintas partes del organismo y en distintas etapas del ciclo vital del animal, de suerte que la expresión completa de un gen es un mosaico de múltiples lugares de expresión, controlados de forma independiente. Los intensificadores posibilitan que un mismo gen opere muchas veces en contextos distintos; potencian pues la versatilidad de cada gen.

Un gen implicado en la coloración de ciertas partes del cuerpo de la mosca de la fruta pone de manifiesto la lógica modular de este sistema de regulación génica. El gen Yellow codifica una proteína que promueve la formación de una pigmentación de color negro: las moscas mutantes que carecen de esta proteína son amarillas. El gen Yellow posee distintos intensificadores que lo activan durante el desarrollo de diversas partes del cuerpo de la mosca, alas y abdomen incluidos.

Como el gen Yellow interviene en el desarrollo de tantos tejidos, las mutaciones en el propio gen resultarían desastrosas si alterasen o anulasen la función de la proteína; afectarían a la función de la proteína de pigmentación Yellow en todo el organismo. Por el contrario, los cambios limitados a uno de los intensificadores del gen afectarían sólo a la función de ese intensificador y la expresión del gen Yellow que controlase, sin provocar cambios en la expresión y función de la proteína en otros tejidos.

***Las repercusiones evolutivas de la regulación modular de los genes implicados en el diseño del cuerpo son profundas. En teoría, las mutaciones de los intensificadores permitirían que determinados rasgos del organismo se modificasen de forma selectiva, sin que cambiasen los genes o proteínas. Y en los últimos años han aparecido pruebas directas de que tal ha sido a menudo la evolución de las diversas partes o diseños del organismo**". Énfasis en negrita añadido. Pag.26-27. Investigación y Ciencia. Julio 2008*

Nótese la como los autores destacan al final el papel de la mutación de los intensificadores como los principales protagonistas de la evolución morfológica animal en lugar de las clásicas y problemáticas mutaciones génicas. Pero esta evolución morfológica, que está plenamente comprobada, está fundada más en la pérdida que en la ganancia de función tal como en el mismo artículo precisan los autores:

*"A pesar de que tendemos a pensar que la presencia de una característica en una especie y su ausencia en otra emparentada con ella indica su adquisición por la primera, no siempre acontece. **Antes bien, lo habitual es que la evolución dé marcha atrás y se pierda algún rasgo. La pérdida de características corporales ofrece quizás el ejemplo más claro de que la evolución de los intensificadores es el mecanismo***

más probable de la evolución anatómica". *Énfasis en negrita añadido. Pag.28. Investigación y Ciencia. Julio 2008*

Hubiese sido bueno que los autores citaran algún caso de adquisición de un intensificador del que los mismos indican que "no siempre acontece", pero no citan ninguno. Sin embargo, más allá de estas consideraciones lo anterior nos revela una dificultad adicional a la solvencia de las recurridas mutaciones génicas como motor evolutivo que los autores del artículo anterior no han abordado en absoluto.

Pese a las dificultades antes señalas todavía sería plausible concebir una neofuncionalización para la copia de un gen que sólo tiene un intensificador, y por lo tanto, que sólo demandaría un contexto de expresión. Pero cuando hablamos de un gen pleiotrópico que es invocado repetidas veces en distintos contextos funcionales ya no es posible admitir plausibilidad alguna. Un gen pleiotrópico reviste una complejidad tal que no admite experimentos y, al igual que las 20 aminoacil ARNt sintetasas del código genético deben aparecer de un solo golpe, los contextos funcionales del gen pleiotrópico necesitan estar enhebrados entre sí en una estructura algorítmica que no admite la modificación del mismo sin caer en el colapso o el severo deterioro funcional del conjunto.

La clara inferencia de estructuración algorítmica que el fenómeno de los genes pleiotrópicos señala, los niveles de abstracción superiores a las leyes físico-químicas sobre los que está organizada la semántica de la información biológica y la presencia de sendos programas de desarrollo imposibles de ser el fruto de la selección de sus salidas (output) destaca la presencia de información compleja especificada (ICE) tanto en el ADN como en el medio intracelular y, por lo tanto, representa un indicador contundente más de que la vida es fruto ineludible de diseño.

Capitulo 4

COHERENCIA DE CONTEXTO

En el siglo XV, en la antigua ciudad de Toledo, existía una importante población judía. Muchas de estas gentes se asentaron en la península Ibérica luego de ser expulsadas de su Judea ancestral por el Imperio Romano en las diásporas del año 70 y 132 de nuestra era. Sin embargo, en dicho siglo tendrían que sufrir nuevamente las amarguras de una expulsión, esta vez patrocinada por los reyes Católicos, que los obligarían a dejar España y emigrar hacia nuevos destinos en el norte de África y en la actual Turquía.

A estos judíos oriundos de España se los conoce como Sefarditas y algunos de sus descendientes no solo conservan una forma del idioma castellano, sino incluso las llaves de las antiguas casas de sus ancestros en la lejana ciudad de Toledo.

Difícilmente será posible hallar al presente alguna puerta del siglo XV que aún quede en uso para ser abierta por estas antiguas llaves. Posiblemente, incluso conservándose las mismas puertas, pueden en muchos casos ser substituidas las cerraduras de tal modo que las antiguas llaves no sean funcionales para abrir estas puertas dado que ya no tendrán el perfil complementario de la cerradura, es decir, ya no serán coherentes con la misma. No siendo así, estas antiguas llaves no podrán ingresar ni girar dentro de las nuevas cerraduras para activar los mecanismos de apertura de ninguna de las actuales puertas. Si se diera el caso de que aún subsistiera alguna puerta cuya cerradura tuviese la forma que fuese coherente con alguna de estas reliquias de llaves, entonces si podrá conectar con ella y, por lo tanto, se podrá abrir la puerta. Aunque, pese a ello, lamentablemente el dueño de la llave no podrá reivindicar la propiedad después de 5 siglos de expropiación.

Notemos, en esta historia que nos introduce sobre lo que es la coherencia, que ésta en sí misma es una restricción. En el ejemplo cualquier llave no abre la cerradura de la puerta, sino aquella que tiene la restricción funcional, es decir, la coherencia que funciona para abrir la cerradura. Por lo tanto, la coherencia es una restricción que puede ser natural como el caso de las valencias atómicas o funcional como las piezas de una maquinaria.

Con este sencillo ejemplo podemos decir que *la coherencia es la capacidad de un átomo, molécula, o artefacto de conectarse con otros e incluso con un conjunto estructural producto que llamaremos* ***contexto.***

En la naturaleza existen muchos casos que ilustran distintos tipos de coherencia de acuerdo a cuán fácil se realiza la conexión. Los átomos pueden unirse espontáneamente de acuerdo a una coherencia llamada valencia con otros átomos para formar moléculas. En ésta, los átomos son capaces de enlazarse, sea por compartición de electrones o por atracción electrostática de una manera **espontánea,** por supuesto con el debido concurso de la energía necesaria. En otros casos la unión no es tan sencilla, pues requiere el concurso de un agente externo que haga las veces de casamentero para unir parejas, a este agente se lo conoce como **catalizador** y estimulara el apareamiento de ciertos átomos o moléculas con otras, éste es por tanto un caso de coherencia **forzada**.

Por último, existe un tipo más sofisticado de coherencia, es aquella en la cual el agente externo necesita cumplir un convenio para que la conexión sea realizada. No se trata solo del concurso de energía y su sola presencia, en este caso, el agente externo necesita realizar un **convenio de conexión** sin cuyo desarrollo la conexión es imposible. Este tipo, por su importancia en la inferencia de diseño, lo trataremos aparte en el capitulo siguiente.

Consideremos ahora el caso de una persona un poco despistada que desea incorporar a su automóvil un equipo de música. Se dirige a una tienda y compra una unidad, luego va a su automóvil y lo coloca sobre el salpicadero, luego enciende el equipo pero este se niega a funcionar, toca todos los botones, pero nuestro personaje aún no se percata que tiene que ***conectar*** el equipo a su automóvil de tal modo que pueda recibir el suministro eléctrico, la señal de la antena y enviar la señal de audio a los altavoces. Cuando toma conciencia de ello se pregunta: ¿Dónde conecto esto? Mira con detenimiento el interior y observa que en la consola hay un compartimiento que parece encajar con el equipo de música. Finalmente conecta el equipo al automóvil y felizmente, al encender el mismo, funciona.

La historia grafica otro concepto importante a tener en cuenta en este análisis, es decir, manifiesta la presencia de una **coherencia potencial** por parte de la estructura base con respecto a la estructura accesoria. En el ejemplo el automóvil ya estaba *preparado* para recibir el equipo de música. Esto es, el automóvil tenía coherencia potencial con respecto a este último y ello facilitó la conexión evitando más adaptaciones técnicas.

En la biología hay destacados ejemplos de este tipo de coherencia en el fenómeno llamado alosterismo. Este es un sistema destinado a regular la producción de proteínas desde el ADN de tal modo que dicha producción se realice cuando la necesidad de hacerlo sea precisada de acuerdo a las condiciones de la dinámica celular y evitar así un defecto o exceso de producción que deterioren su operatividad.

Una célula no va a gastar energía en fabricar proteínas y ARNs de forma caótica y sin realmente necesitarlas por lo que necesita funcionar en un contexto concertado que esta ajustado a condiciones de necesidad operativa y como reacción al ambiente, o más bien, regulado por él.

Entonces podemos decir que un gen que codifica una proteína sólo se usará para fabricarla si algo activa el proceso de síntesis y se detendrá si otra cosa lo inhibe. Esto es la regulación.

Un sistema regulado sabe reaccionar ante una situación externa respondiendo mientras se den ciertas condiciones y desactivándose cuando estas desaparecen. En nuestro entorno cercano estamos rodeados de sistemas regulados que nos pueden servir de ilustración. Un sistema de aire acondicionado, por ejemplo es capaz, mediante el uso de un termostato, de activar la refrigeración si la temperatura ambiente sobrepasa determinado umbral. Luego, cuando la temperatura descienda por debajo de la temperatura óptima, desactivará la refrigeración a fin de regular una temperatura estable y óptima. Los sensores de infrarrojos también son usados para regular un sistema de iluminación de acuerdo a la presencia de personas en los distintos ambientes de un edificio, encendiendo el alumbrado cuando detecta el calor corporal y apagándolo cuando ha transcurrido un tiempo sin detectar su presencia.

En el caso biológico también existen estos sensores. Consisten en unas zonas de ADN que pueden por lo general estar adyacentes, cerca o incluso lejos del gen que controlan. A las mismas se las llama zonas reguladoras. Estas zonas, como cualquier parte del ADN, tienen una determinada forma espacial. Dicha forma es el exacto equivalente a la forma espacial de una cerradura, de tal modo que existirá una llave complementaria que por coherencia funcional abrirá la cerradura, que a efectos biológicos implica activar el proceso de transcripción del gen para producir una proteína específica. Lo interesante del caso es que dicha llave es precisamente una proteína con la forma espacial precisa para acoplarse a dicha zona reguladora y, como es lógico, está codificada por otro gen.

Pero estas proteínas aún no pueden acoplarse a las zonas reguladoras porque para resultar realmente útiles estas proteínas deben ser capaces de activar o inhibir el proceso de transcripción de acuerdo a la existencia en la célula de determinadas sustancias llamadas Operadores o también Operones que se unirán a una parte especial de las proteínas reguladoras llamada sitio alostérico. Cuando esto ocurre es cuando la proteína cambia de forma y consigue con esto que una zona de la misma adquiera esa forma espacial que, como el relieve de una llave, le permita acoplarse a la cerradura, es decir, a la zona reguladora del gen.

En la figura siguiente se explica este proceso y se muestra que existen dos tipos opuestos de proteínas reguladoras; las activadoras que al acoplarse permiten el inicio de la transcripción y las supresoras que al acoplarse hacen

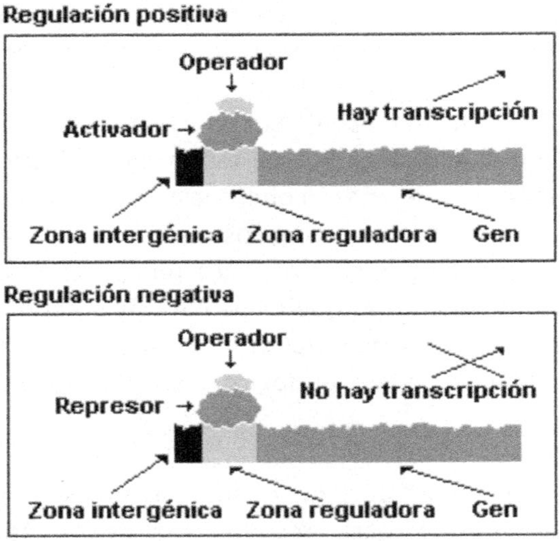

exactamente lo contrario inhibiendo la misma.

Todo esto permite que la abundancia de cierta sustancia, nuestro operador, estimule la fabricación de ciertas proteínas por efecto de una regulación positiva en la cual activará las proteínas activadoras. O por el contrario, dicha abundancia puede estimular una regulación negativa en la cual se inhiba la fabricación de determinadas proteínas actuando también dicha sustancia como operador, pero esta vez a los represores del gen. En cualquier caso, cuando, como efecto de la reacción a este proceso, el operador empiece a escasear en el medio celular, entonces los operadores se desprenderán del activador o represor, según sea el caso, deteniendo así el proceso de regulación.

Esta, por cierto, es una vista rápida sobre cómo funciona la regulación en los sencillos procariotas. En los eucariotas el proceso es, partiendo de lo que ya hemos visto, mucho más complejo. Más aún en los organismos pluricelulares en los cuales los procesos de regulación pueden funcionar en cascada. En esta situación un regulador es regulado por otro y así sucesivamente hasta alcanzar un contexto funcional complejo de varios pasos e interrelaciones que permitan llevar adelante intrincados procesos de desarrollo embrionario, inmunológico, regenerativo, etc.

Como ejemplo, notemos como describe los procesos de pigmentación en las flores H. Frederik Nijhout en su artículo "La importancia del contexto en la genética":

"Los genes que controlan la biosíntesis de pigmentos en las flores son muchos. Unos codifican enzimas que transforman precursores incoloros – aminoácidos, azucares – en varios pigmentos cromáticos. Esas rutas de biosíntesis pueden incluir más de una docena de pasos, cada uno de ellos regulado por una enzima diferente. Otros genes codifican proteínas que regulan la síntesis y la actividad enzimática; se trata de reguladores que afectan el momento y lugar donde se producen los pigmentos. Y otras proteínas controlan la estabilidad y localización subcelular de los pigmentos. Los genes que codifican estas proteínas reguladoras están, a su vez, regulados por otras proteínas, los factores de transcripción, cada uno de ellos codificado por un gen particular. Y un conjunto diferente de genes controla la producción de factores de transcripción. Esta especie de regresión interminable de regulación e interacción entre genes, por extraña que parezca, constituye la regla general, incluso para el más simple de los caracteres". (16)

Ahora pensemos en lo siguiente; el genoma es una cadena de puertas con cerraduras que abren o cierran determinados procesos en determinados contextos espaciales, es decir, que permiten que en el cerebro la célula sea una neurona, en el hígado sea una célula hepática o en los huesos sea ósea. En un proceso de embriogénesis también permitirá que dichas "puertas" se abran en el momento y lugar oportunos en el desarrollo embrionario. Pero ¿De dónde salen las llaves? Es decir, ¿De dónde salen los activadores y los supresores? Pues, como ya hemos visto, son proteínas con esa función que han sido sintetizadas por otros genes.

¿Hemos calculado cual es la probabilidad que en los caldos del hipotético océano primitivo hayan surgido por casualidad un grupo numeroso de genes que codifiquen con información lineal las llaves (reguladores) que precisamente tengan la forma espacial para deformarse alostéricamente en los cuatro niveles típicos de las proteínas y así permitir activar a otros genes funcionales, incluso para el procariota más sencillo que haya existido jamás?

Esto es el equivalente a que por casualidad por medio de procesos de auto-organización de la materia haya surgido, no sólo un libro totalmente coherente, sino **que contenga además un índice de materias con palabras clave que referencien la página exacta donde se hable de cada una de ellas.**

Realmente, si nos despojamos del prejuicio naturalista, el pensarlo produce verdadero vértigo. Y, sin embargo, este inverosímil ejemplo es de hecho inmensamente más probable que el proceso alostérico descrito antes.

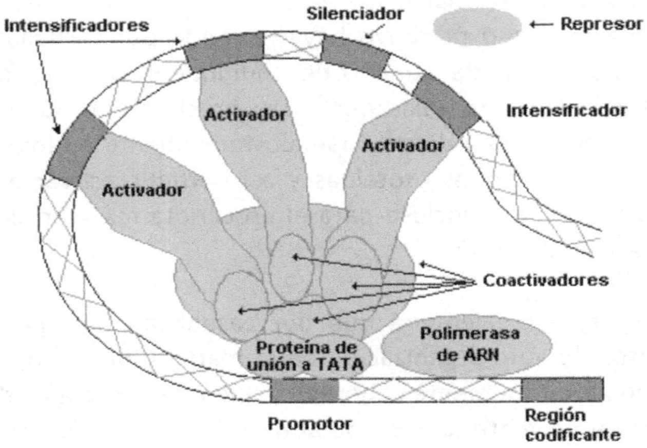

La anterior figura es una representación bastante burda e incompleta del aparato molecular necesario para la transcripción de una proteína en un eucariota pluricelular, aún así, salta a la vista que es mucho más complejo que los mecanismos reguladores procariotas, pero también ilustra lo que hemos explicado antes; en una disposición enrollada del ADN, los activadores del aparato molecular regulador necesitan tener a los intensificadores, o silenciadores en su caso, lo suficientemente espaciados para poder funcionar dada la estructura compleja que formará con otros actores del proceso tales como los coactivadores, factores de transcripción basal, y otros que ni aparecen en la figura mostrada.

COHERENCIA FUNCIONAL

Si partiéramos una piedra en solo dos pedazos, sin duda ambos serian coherentes entre sí dado que al unirlos encajarán perfectamente, pero si esta piedra no resulta ser una estructura funcional, dicho tipo de coherencia tampoco lo será. Por lo tanto, la coherencia funcional se cumplirá solo cuando permita que la estructura resultante sea funcional. De tal manera qué, si dos estructuras se conectan y la estructura resultante es funcional, entonces este tipo de coherencia se cumple. Veamos un ejemplo comparativo.

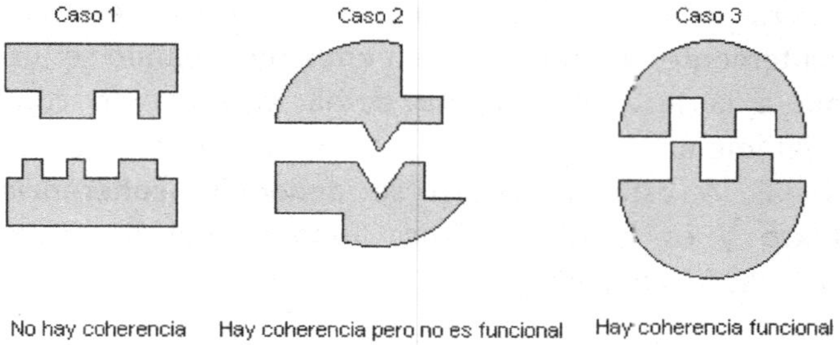

Tenemos tres casos en los que el funcionamiento consiste en formar un círculo. En el primer caso no hay encaje y por lo tanto no pueden conectarse, no son coherentes entre sí. En el segundo caso, si pueden conectarse, pero la estructura producto no es funcional. Por último, en el tercer caso, hay coherencia funcional por cuanto no solo encajan sino que forman un círculo.

COHERENCIA DE CONTEXTO

Si analizamos el caso 2 podemos preguntarnos ¿Qué impide que añadiendo otras piezas se pueda formar un circulo mayor y cumplir con el objetivo? Hay que reconocer que ello es posible, por tanto, aunque 2 componentes no formen una estructura funcional producto, si pueden en cambio, ser parte del contexto de un mayor número de componentes que juntos si formen una estructura funcional. Los juegos de rompecabezas son un ejemplo bastante claro, algunas piezas son coherentes con unas mas no con otras. No obstante, existe un **contexto** mediante el cual todas están encajadas formando una estructura funcional. Lo mismo sucede con cualquier pieza de una maquina cualquiera, primeramente tiene coherencia con otra pieza a la cual puede conectarse, pero el resultado es, aparentemente, no funcional. Sin embargo, cuando se juzga la misma a la luz del contexto de la máquina en conjunto completamente conectada, si resulta tener coherencia funcional. A esta propiedad se denomina **coherencia de contexto** y es la característica fundamental de todas las estructuras funcionales.

El siguiente ejemplo muestra el caso de un conjunto de componentes con coherencia de contexto, en el cual las piezas encajan para formar una T que funciona como carácter alfabético, luego la misma es una estructura funcional.

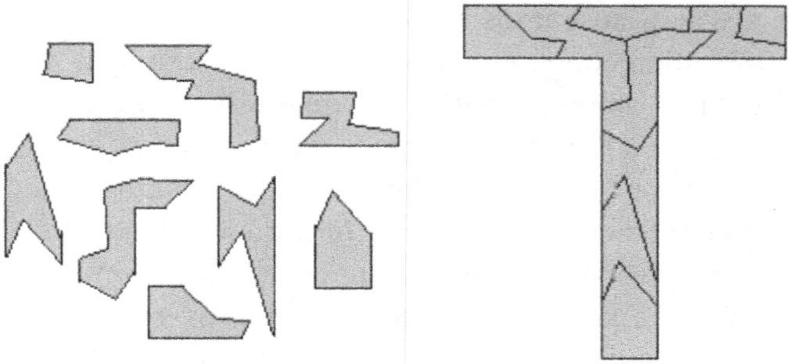

FUNCIONALIDAD CONTEXTUAL

De esto se deduce también la siguiente consecuencia: si se cumple que la estructura es funcional, un componente cualquiera de la estructura tendrá que ser funcionalmente coherente con el resto. Y ello significa que un componente puede ser útil solo en la totalidad del contexto estructural, más no de forma independiente, del mismo modo que un chip microprocesador es solo útil cuanto está conectado a la placa base de un ordenador, **de forma independiente no sirve para nada**, salvo como curiosidad. A este tipo de funcionalidad, que solo funcionan en un contexto y no de forma aislada, la llamaremos **funcionalidad contextual**.

Esto también significa que un componente tendrá que ajustarse, no solo por su forma, sino también por una específica magnitud física acotada entre un rango definido de valores que permitan que este sea coherente funcionalmente con el contexto. Esta magnitud física puede consistir en el área, volumen, resistencia física, resistividad eléctrica, capacitancia, o cualquier otra posible.

Si por ejemplo deseamos reemplazar un cilindro de un motor de combustión deberemos respetar su forma y tamaño. Aunque pudiéramos encontrar cualquier otro cuya forma fuera idéntica pero de escala mayor o menor no nos servirá. Su tamaño debe ser también preciso para acoplarse funcionalmente con el contexto funcional del motor. En un circuito electrónico también deberemos reemplazar las resistencias, capacitores, u otros elementos con los valores precisos si deseamos que el circuito funcione adecuadamente. De todo esto podemos concluir que la coherencia de contexto restringe las formas y valores posibles que puede tener un potencial componente a fin de conectarse al contexto funcional.

MULTICONTEXTUALIDAD

A diferencia del caso anterior en el que un componente dado solo es funcional al estar conectado a un solo contexto funcional, existen casos en los cuales un componente puede conectarse funcionalmente a múltiples contextos funcionales, en dichos casos presentará una **funcionalidad multicontextual**.

Hace algunos años un barco mercante tuvo que detenerse en alta mar por causa del fallo de un importante instrumento de navegación. Cuando se revisó el instrumento se descubrió que una miserable resistencia quemada era la causa del fallo. Sin embargo, no disponían de ninguna resistencia con la específica resistividad en su colección de repuestos. El no poder reparar el instrumento y tener que esperar varios días a que un helicóptero trajera el repuesto suponía varios miles de dólares en pérdidas. En este dilema los técnicos se pusieron a pensar hasta que a uno de ellos se le ocurrió una brillante idea. Era verdad que no tenían una resistencia con esa específica resistividad, pero sí disponían de otras resistencias con las cuales se podría, en una determinada disposición serie y paralelo, obtener un equivalente resistivo a la resistencia quemada. Puestos manos a la obra hicieron dicho equivalente y lo soldaron a la placa del instrumento de navegación logrando, no sólo repararlo, sino también ahorrar muchos miles de dólares a la compañía naviera.

Esta anécdota muestra como la funcionalidad multicontextual de varias resistencias se unieron deliberadamente para conferirles la funcionalidad contextual de la resistencia quemada, pero la moraleja es que, aunque dichas resistencias eran los repuestos de otros contextos, pudieron, en sociedad con otros, funcionar en el contexto del instrumento de navegación dañado.

Esta facultad de los componentes de conectarse a más de un contexto distinto es lo que llamaremos **multicontextualidad**.

Pero la multicontextualidad para un componente dado presentará un comportamiento que variará en función de cuan compleja sea su forma de conectarse a contexto particular obedeciendo el siguiente principio matemático:

La multicontextualidad de una estructura es inversamente proporcional a su complejidad, es decir, a más complejo menos multicontextual y a menos complejo más multicontextual.

Para ilustrar con claridad este principio consideremos el siguiente ejemplo: Imaginemos que tenemos una máquina que nos puede suministrar tarjetas con un número del 0 al 999999999. Resulta que deseamos construir un número de 9 cifras, por ejemplo el número telefónico 045784512. La máquina nos dará los números de manera aleatoria o sea que si necesito conseguir dicho número con 9 dígitos (complejo) podría tener que solicitar números a la máquina hasta 10^9 (mil millones) de veces y, claro, no estoy dispuesto a esperar tanto. Otra solución sería extraer números de la máquina con un menor número de dígitos (menos complejos) y unirlos para obtener el número deseado. No obstante, aunque busque números de 4 y 5 dígitos a fin de unirlos y obtener el número deseado será todavía engorroso porque, para tener la esperanza matemática de obtener estos segmentos, tendré que pedirle números a la máquina hasta $10^4 + 10^5$ (110000) veces lo cual aún es demasiado. La solución más simple, por el principio de multicontextualidad, es pedirle a la máquina números de un solo dígito (muy poco complejos) y unirlos para formar el número telefónico, así a lo mucho tendré que pedirle a la máquina 90 solicitudes de números, algo que ya es bastante razonable. Este ejemplo nos ilustra cómo a más complejidad hay menos multicontextualidad y más en caso inverso.

Otra forma de entender este concepto de manera gráfica es mediante la siguiente imagen. En la misma observaremos a 3 estructuras o contextos llamados A, B y C. Si hemos de ordenarlos en orden de complejidad salta a la vista que B es menos complejo que A y C, y que A es a su vez menos complejo que C.

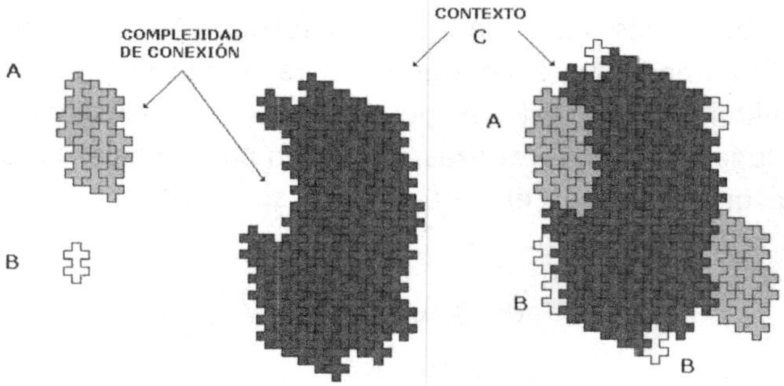

Cuando queremos conectarlos sus propias morfologías presentaran también complejidades de conexión equivalentes de tal modo que observaremos como B, el menos complejo es capaz de unirse a C en muchas partes mientras que A solo es capaz de unirse a C en solo 2 lugares. Viéndose cómo B es mucho más multicontextual que A en virtud de su menor complejidad.

Esto mismo se aplica no solo a lugares de conexión para un mismo contexto como lo es C, sino también a varios contextos mayores distintos donde se cumplirá que B podrá conectarse en muchos más casos que A, y C en muchos menos aún o quizá a solo uno mayor.

No siempre la multicontextualidad dependerá tan solo de la forma como en el caso anterior. También obedece a otras magnitudes o características que definen el contexto. Veamos ahora el caso de dos rompecabezas. El primero de ellos es el típico mosaico de piezas similares, pero cuya superficie forma una imagen que constituye un contexto específico como el mostrado en el rompecabezas 1.

Aunque las piezas sean idénticas en forma, salvo las de los bordes. La imagen que contiene las hace únicas y con una funcionalidad contextual que permite que sean encajadas en un solo lugar del rompecabezas. No sirven para encajar en otro lugar porque alterarían el contexto que solo es funcional para

ROMPECABEZAS 1

CONTEXTO UNICO

una imagen en particular.

Sin embargo, podemos proponer otro rompecabezas más endiabladamente divertido pero difícil. Consiste en un juego de figuras muy simples y sin imagen. Se tratan de polígonos de sólo 3 y 4 caras. La función consiste en conectarlas de tal modo que formen un contexto rectangular como pueden ser, por ejemplo, los contextos A y B:

ROMPECABEZAS 2

CONTEXTO A

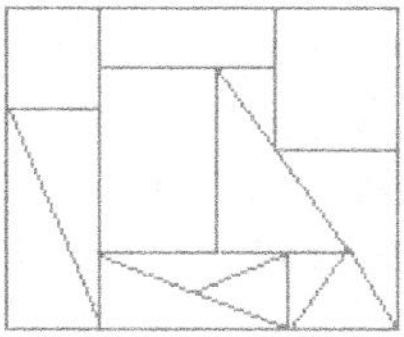

CONTEXTO B

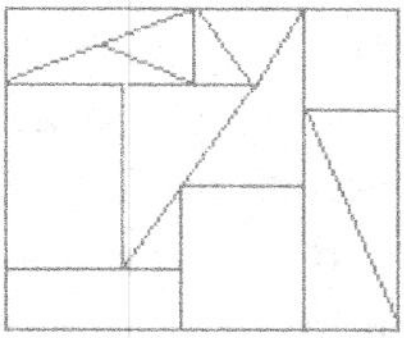

Intente el lector realizarlos sin ver cómo pueden estar dispuestos para los contextos finales, ya que eso sería hacer trampa, y se sorprenderá de la enorme dificultad que conlleva alcanzar un contexto rectangular cualquiera. La razón estriba en que las piezas de este rompecabezas, a diferencia del anterior, son muy poco complejos y tienen funcionalidad singular, son fáciles de conectar, pero por lo mismo hacen del rompecabezas más difícil de realizar porque sus piezas se pueden conectar de muchas maneras diferentes y no sólo de una en virtud de una funcionalidad contextual.

En el mundo natural los átomos, por ejemplo, son enormemente multicontextuales ya que pueden ser partes de muchos contextos moleculares diferentes. Del mismo modo los aminoácidos son moléculas multicontextuales para una enorme cantidad de contextos proteicos, pero no todos los aminoácidos posibles sirven para las proteínas biológicas (recordemos que el juego es de sólo 20 aminoácidos). Ahora bien, de acuerdo al principio antes señalado, a medida que vamos subiendo en complejidad veremos que la multicontextualidad empieza a disminuir en proporción inversa.

Cuando llegamos al nivel de complejidad de las proteínas veremos que pocas serán multicontextuales y muchas, como las proteínas reguladoras que se conectan por su coherencia espacial con una específica zona reguladora de un gen específico, son de hecho **monocontextuales** teniendo así una definida funcionalidad contextual, es decir, para un solo contexto y no sirviendo en absoluto para ningún otro como es el caso de las piezas del rompecabezas 1.

Los rompecabezas también ponen en relieve un principio interesante. Cuando comparamos una pieza del rompecabezas 1 con otra del rompecabezas 2 notaremos que salta a la vista de que el primero es más complejo que el segundo. Sin embargo, para el primero resulta más fácil encontrar cómo conectar las piezas entre sí que en el segundo ya que hablamos de módulos menos multicontextuales y, por lo tanto, que solo se podrá conectar con un reducido o único componente y no con múltiples posibilidades de conexión diferentes.

Ahora reflexionemos, si comparamos el ejemplo de los números con el de los rompecabezas, surge una aparente contradicción que nos va a llevar a una conclusión crucial. En el ejemplo de los números vimos que para conseguir el número requerido, es decir, que sabíamos cual es conociendo el contexto final, resultó más sencillo pedirle a la maquina los números menos complejos posibles, es decir, de un solo dígito. Sin embargo, en el caso del rompecabezas fue al contrario. Aquí no conocíamos el contexto final (el rompecabezas armado). Por ello la solución más fácil resultó ser el rompecabezas con las piezas más complejas porque era más sencillo conectar piezas que te dan pistas a través de su imagen para saber con quién pueden conectarse, que piezas sencillas que no aportan información de conexión por su elevada sencillez y, en consecuencia, elevada capacidad multicontextual.

¿Qué diferencia existe en estos casos que resuelva esta paradoja?

La diferencia está en la manera de encarar dichos problemas. **En el primer caso conocíamos el contexto final lo que nos proporcionaba un plan para saber que números y en que posiciones deben estar dispuestos. En el segundo caso no conocíamos el contexto final y por ello carecíamos de un plan que nos indique cómo disponer las piezas para llegar a él**. No hay ninguna receta que nos guíe para la fabricación o síntesis de un resultado concreto. Lo que hacemos en el rompecabezas, como se hace en la investigación biomolecular, es solo investigar cómo se conectan los componentes para estudiar o llegar al contexto final (ingeniería inversa), y ello, claro está, es más fácil de hacer con módulos complejos que con componentes extremadamente simples.

¿Qué nos enseña esto?

Nos enseña que todo proceso de síntesis incluida la abiogénesis (aparición de la vida desde precursores no biológicos) es más fácil si existe un plan como lo es el ADN para todo ser viviente. Pero todos sabemos que, según el naturalismo, para el caso del origen de la vida no existió ningún plan.

¿Podría la vida haber surgido de modo natural sin ningún plan?

Un camino para resolver esta dificultad sería considerar que el primer ser viviente resultó de una conexión de módulos complejos ya funcionales (evolución modular). Dicho organismo, producto de las complejidades de sus módulos componentes, obtendría así, por ventura, una capacidad de metabolizar y replicarse que lo sitúe en la categoría de ser viviente.

Ahora bien, considerando el principio de multi-contextualidad, este aparentemente verosímil escenario se nos malogra al reconocer qué, aún admitiendo que dichos módulos hayan podido formarse (algo que analizaremos más adelante), sus propias grandes complejidades les harían tan poco multicontextuales que la posibilidad de que se ensamblen funcionalmente para producir una estructura funcional viviente resultará fantásticamente lejana.

Estas dificultades, particulares a la coherencia de contexto y al principio de multicontextualidad, exigen para la materialización de un contexto funcional de la presencia necesaria de un plan que organice su disposición en formas y magnitudes precisas no admitiendo, por su gran improbabilidad, la presencia física de conexiones fortuitas y, por lo tanto, constituyen elocuentes indicadores de diseño.

Capitulo 5

CONVENIOS DE CONEXIÓN

Imaginemos un experimento mental. En una caja coloquemos un envase y su respectiva tapa. Dicha tapa no se conectará con el envase solo mediante acoplamiento, es decir, juntando sus bordes complementarios, sino de un modo distinto. Ambos tendrán una rosca en sentido horario para el envase y en sentido anti-horario en la tapa tal como es el caso de infinidad de botellas y demás envases que conocemos en los que debemos, para conectarlos girar la tapa en sentido horario varias vueltas hasta cerrar el envase o botella debidamente. Este procedimiento constituirá el sencillo convenio de conexión entre el envase y su tapa. Ahora bien, como deseamos que este procedimiento de conexión se realice de modo estrictamente natural, colocaremos ambos componentes, envase y tapa, en una caja y proporcionaremos energía al proceso agitando la caja con los dos elementos en su interior hasta que las mismas se conecten por obra del azar. Como esto requiere de tiempo, mucho tiempo, seamos bondadosos y agitémosla, si no se nos cansan los brazos, durante unos 90 millones de millones de años (no importaría incluso si fuere por toda la eternidad). Luego abramos la caja y veamos en su interior que ha pasado. ¿Pudo el azar conectar ambos componentes en esta extraordinaria multitud de tiempo? Cuando abramos la caja encontraremos solo polvo, pero no una conexión. ¿Por qué?

Porque la conexión de ambos componentes se producirá solo si se aplica el convenio de conexión, que es girar la tapa en sentido horario sobre la boca del envase. De nada servirán 90 millones de millones de años de agitación. Esto significa que muchas de las conexiones del mundo biológico no se van a dar **NUNCA** por efecto del azar ni con el concurso de la eternidad ni en todas las burbujas del pretendido multiverso con las más preferentes leyes y constantes físicas. Igualmente en el caso biológico podemos poner en el envase a muchos monómeros y agitarlos juntos sin la presencia de enzimas clave por el mismo tiempo y repetirlo en todos los universos posibles, sin embargo, como en el anterior caso, no los hallaremos unidos jamás.

Si bien la coherencia de contexto y el principio de multicontextualidad aluden poderosamente la inferencia de diseño. No obstante, no son del todo concluyentes en el sentido de que, aunque sumamente improbable, no resulta imposible que se logre formar, por pura casualidad, un contexto funcional o una coherencia funcional fortuita entre dos elementos muy poco multicontextuales.

Sin embargo, los convenios de conexión representan un tipo más sofisticado de coherencia que si resulta verdaderamente contundente para inferir diseño más allá de toda duda. Este tipo de conexión se cumple cuando un agente externo necesita cumplir un convenio para poder conectarse con un contexto funcional mayor. No se trata solo del concurso de energía y su sola presencia, en este caso, el agente externo necesita realizar un **convenio de conexión sin cuyo desarrollo la conexión es imposible.** La mayor parte de los mecanismos construidos por el ser humano, de obvio origen inteligente, tienen este tipo de conexión por convenio y sucede que también todos los organismos biológicos lo presentan.

Muchos de los componentes biológicos están conectados mediante convenios de conexión especiales. **Un convenio de conexión es un plan de naturaleza algorítmica aplicado para conectar dos componentes**. No se trata de simples acoplamientos. Se requiere energía y agentes externos que catalicen (ayuden a conectar) los mismos mediante un proceso elaborado.

La síntesis de proteínas, tema ya tratado superficialmente en el capítulo 2, consiste en la unión de una cadena de cientos de eslabones donde cada uno de ellos lo constituye uno de 20 tipos distintos de aminoácidos levógiros extraídos del medio intracelular. No se encadenan estos para formar proteínas por pura casualidad ni siquiera por una simple acción enzimática. Ningún proceso natural no biológico las produce y ello porque su formación obedece no a simples conexiones químicas, sino a un complejo convenio de conexión.

Cuando en 1953 James Watson y Francis Crick descubrieron la estructura del ADN muchos biólogos creyeron qué, del mismo modo como la cadena de ADN se enlaza mediante nucleótidos complementarios permitiendo con ello su replicación mediante la reconstrucción de dicha complementariedad, también podría por un mecanismo similar sintetizar las proteínas haciendo que ciertas partes del mismo se constituyeran en moldes para aminoácidos. Fue Francis Crick quien por primera vez observó en 1957 que esto era sumamente improbable. En una nota de carácter privado, Crick escribió que *"si se considera la naturaleza físico-química de las cadenas laterales de los aminoácidos, no encontraremos características complementarias en los ácidos nucleicos. ¿Dónde están las superficies hidrofóbicas que distinguen la valina de la leucina y la isoleucina? ¿Dónde están los grupos cargados, en posiciones específicas, que van con aminoácidos de carácter ácido o básico?"* y luego enfatiza: *"no creo que nadie que examine el ADN o el ARN [ácidos ribonucléicos] piense que son moldes de aminoácidos".*

Si realmente las proteínas se formaran a partir de moldes del ADN podríamos decir que estas están prescritas por tan solo condiciones físico-químicas y sería fácil entrever que son el resultado de una evolución fortuita de la materia, pero, para desgracia del naturalismo materialista, no es así.

Ninguna proteína biológicamente funcional nace como el resultado fortuito de una conexión espontánea o catalizada en un solo paso. Resulta más bien de un elaborado proceso de fabricación en varias etapas. Solo el proceso de transcripción de un ARN maduro, tal como lo vimos en el capítulo 2, demanda una cadena compleja de pasos y una también compleja coordinación de muchos actores en la maquinaria celular. No son pues simples conexiones, ni siquiera conexiones catalizadas, tienen, como resulta evidente, un convenio de conexión complejo y ello implica que precisan de un **plan de fabricación.**

Sabemos que a nivel atómico, los átomos pueden unirse (conectarse) con otros átomos para formar moléculas de acuerdo a ciertas coherencias llamadas valencias que les permiten compartir electrones y formar entes mayores. **Conforme aumenta la complejidad de la molécula, monómero o polímero, sus capacidades de conexión (multicontextualidad) son cada vez menores e improbables.** Finalmente, ya a nivel celular, aparecen convenios de conexión que implican a muchos actores protagonistas de un proceso de síntesis y a su vez, también dichos actores son sintetizados por otros convenios complejos en los que también participan los actores que sintetizaron en un proceso de interdependencia mutua.

John Horgan aborda este problema al decir:

*"Los trabajos de Watson y Crick y otros **han demostrado que las proteínas se fabrican siguiendo las instrucciones dictadas por el ADN**. Pero hay un problema. El ADN no puede desempeñar su trabajo, ni siquiera su propia replicación, sin el concurso de proteínas catalíticas, o enzimas. En pocas palabras, no se pueden fabricar proteínas sin ADN, ni tampoco ADN sin proteínas". (5)*

Todos estos actores forman parte de un contexto funcional complejo, con mutuas dependencias y con conexiones e interrelaciones también complejas que requieren convenios de conexión para ensamblarse entre sí. Como hemos visto antes, dichos convenios no pueden reproducirse por el solo concurso de energía y tiempo, **ya que implican agentes externos que dirijan el proceso de conexión**.

Estos conceptos son cruciales para juzgar qué, cuando una

estructura cualquiera de nuestro universo refleje componentes conectados funcionalmente mediante convenios de conexión, será efectivamente un artefacto, es decir, una estructura funcional que tiene un objetivo, implica un diseño y por consecuencia **tiene un diseñador**.

Capitulo 6

COMPLEJIDAD IRREDUCTIBLE

En el desarrollo de todo embrión hay un momento trascendental en el cual su pequeño corazón, aún incipiente pero ya capaz, empieza a latir por primera vez. Pero del mismo abrupto modo, cuando llega al final de la vida biológica sucede lo contrario, sobreviene el colapso y, con ello, el corazón deja de latir. Este mismo principio y fin marca la frontera del estado funcional de una estructura. En las máquinas creadas por el hombre también existen dichas fronteras. Hay un punto a partir del cual se alcanza la completitud y el contexto funcional necesario para que la estructura empiece a funcionar. A éste instante lo denominaremos **Ignición funcional** y al caso contrario lo llamaremos **Colapso funcional.**

En general, para todo objetivo se pueden plantear muchas soluciones, algunas serán más ineficientes que otras al requerir mayor complejidad para un mismo objetivo. No obstante, siempre puede existir una solución, entre todas las posibles, con una complejidad mínima necesaria para cumplir con el objetivo. A esta complejidad la llamaremos mínima funcional, en cuanto es **la mínima necesaria para permitir el**

funcionamiento y no existirá ninguna otra solución menos compleja ni mágica que consiga el objetivo.

PROCESO DE INTEGRACION

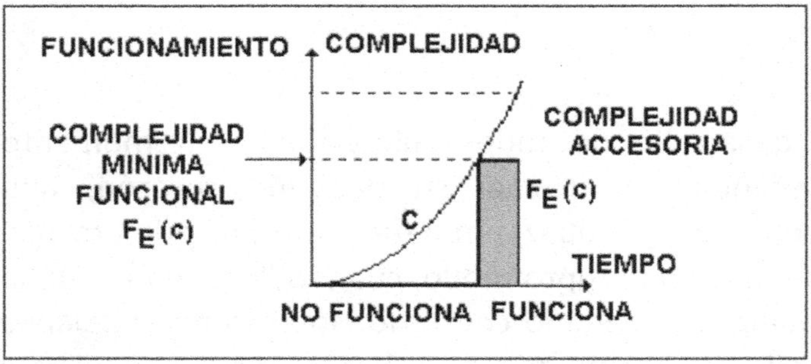

Como se observa en la imagen superior existe en la formación de toda estructura funcional un punto en la trayectoria del proceso de integración de componentes a partir del cual se inicia el funcionamiento (la **ignición funcional),** toda integración posterior podrá mejorar el funcionamiento, pero será accesoria y, por lo tanto, prescindible. Antes de dicho punto el funcionamiento es sencillamente imposible. El gráfico mostrado ilustra la forma que este comportamiento implica. Lejos de manifestar un comportamiento de ignición gradual la funcionalidad surge de forma abrupta presentando la forma de un escalón.

En el gráfico existen 2 curvas que usan el eje vertical para indicar su nivel con respecto al tiempo (eje horizontal). La primera de aspecto no lineal muestra la evolución de la complejidad física C con respecto al tiempo. La segunda curva es la función escalón de la estructura E cuya variable es el nivel de complejidad. Esta función escalón es una función lógica con 2 estados; No funcionamiento (0) y Funcionamiento (1). Mostrará en qué momento de la evolución temporal de la complejidad durante el proceso de integración, acontece la ignición funcional de la estructura. Según se ve en el gráfico hasta que la complejidad no alcanza a la mínima funcional el funcionamiento es nulo, solo al atravesar este umbral se produce el funcionamiento.

¿Por qué sucede esto? ¿Por qué una función no puede aparecer de modo gradual en lugar de modo abrupto conforme aumenta la complejidad de una estructura que será funcional?

Antes de responder a estas preguntas es necesario primero definir adecuadamente la complejidad y como cuantificarla.

Podemos definir la complejidad física de un sistema como el conjunto de todos los casos posibles para un particular número de componentes, rangos de magnitudes y las posibles disposiciones que puedan tener entre sí.

Un boleto de lotería de 5 dígitos nos da un ejemplo sencillo de complejidad. En este caso tenemos una estructura con la siguiente colección de restricciones que acotan el conjunto de casos posibles:

1º. Tiene que ser una colección de 5 caracteres (restricción numérica). N = 5

2º. Tienen que ser caracteres numéricos con base 10 (restricción de magnitud). carácter × {0,1,2,3,4,5,6,7,8,9}, por lo tanto R = 10

3º. Tienen un orden unidimensional único (restricción de orden) O = 1

Como los caracteres son homogéneos al tener el mismo rango podemos usar la siguiente expresión:

C = R^N.O

El número de casos posibles será entonces:

C = 10^5 x 1 = 100.000 casos

El resultado no sorprende puesto que es fácil deducir que entre 0 y 99999 hay 100000 números distintos. La probabilidad de que salga el número de lotería para un caso particular será por tanto:

P = 1/C = 10^-5 = 0.00001

El cálculo de complejidad ya no resulta ser tan sencillo si la colección de elementos es heterogénea, es decir, tienen rangos de magnitud diferentes. En dicho caso podemos entonces aplicar la siguiente generalización:

C = O. (R1 x R2 x R3 x....x Rn)

Siendo C la complejidad, O el orden de los componentes, n el número de componentes y Ri los rangos de magnitud de cada componente. (Nota: A diferencia del concepto de orden que formula David Abel que se entiende como disposición homogénea, el concepto de orden expresado aquí debe entenderse como disposición, no como homogeneidad).

En este caso a los organizadores del juego de lotería se les ocurre añadir una disposición bidimensional a cada número posible, de tal modo que, si coincide la forma y el número adecuado se gana la lotería. Supongamos que el número premiado es el siguiente:

7

308

4

Dispuesto de dicha manera, si el 7 estuviese encima del 8, por ejemplo, no será el número premiado. Veamos las distintas formas posibles que puede adaptar este número:

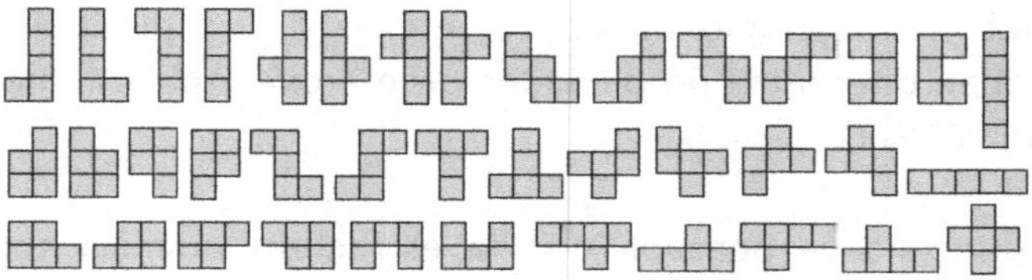

Tenemos entonces 39 formas bidimensionales distintas para 100.000 números cada una. En este caso O = 39 y de la expresión anterior para calcular la complejidad tenemos:

C = R^N . O = 10^5 . 39 = 3.900.000

Ahora es más difícil acertar, puesto que este sistema es más complejo que el juego de lotería inicial. Ahora incorpora un orden bidimensional y por ello existen más posibilidades distintas. Podemos incluso ganar en complejidad si adoptamos una tercera dimensión o incluso una dimensión temporal. La siguiente figura muestra los distintos modos que pueden adoptar cuatro cubos sin considerar sus rotaciones e imágenes especulares:

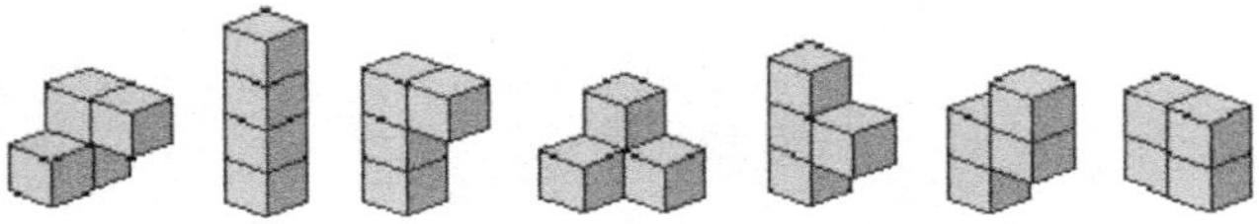

Los isómeros nos muestran un ejemplo natural en el cual una disposición distinta de compuestos químicos con el mismo juego de componentes presentan propiedades químicas muy diferentes. Por ejemplo el alcohol etílico y el dimetil éter presentaban diferentes propiedades pese a que ambos tienen la formula C2H6O.

En un principio se pensaba que la estructura química solo llegaba a lo que la formula empírica podía esclarecer, algo parecido al número de lotería. Pero conforme prosiguieron las investigaciones se encontraron nuevas restricciones.

Descubrieron que un determinado átomo se podía combinar solo con cierto número de otros átomos. El hidrógeno solo se une con otro átomo de un elemento distinto mas no con dos, el oxigeno puede unirse a dos, el nitrógeno a 3 y el carbono a 4, podía pues haber CH4 pero no CH5. Esta propiedad de los átomos de poder unirse a otros en un número limitado de formas se denominó "valencia" y ello indujo a esquematizar las posibles uniones de una manera estructurada donde se viera bidimensionalmente como se conectan. En 1861, Kekule, publicó un texto en el que incorporó este sistema, popularizando desde entonces lo que se llama "formula estructural".

El misterio de los isómeros quedo con este avance dilucidado, por cuanto se pudo saber que dos compuestos, aunque tengan la misma composición, pueden estar ensamblados de manera distinta y por ello tener propiedades diferentes. Si vemos ahora las fórmulas estructurales del alcohol etílico y el dimetil éter constataremos la diferencia:

```
    H H              H   H
    | |              |   |
  H-C-C-O-H        H-C-O-C-H
    | |              |   |
    H H              H   H
```

Como se observa ambos compuestos están ensamblados de distinta forma y ello implicara comportamientos diferentes. Obviamente este no es el único caso existente, existen muchísimos, pues para compuestos con mayor número de elementos hay mayores posibilidades de isomería, lo que en conjunto permite esperar descubrir un número virtualmente ilimitado de ellos. Por ejemplo, un compuesto que tenga 40 átomos de carbono y 82 de hidrógeno podría mostrar 62,5 millones de disposiciones distintas o isómeros. Este conjunto de posibilidades constituye su complejidad y a su vez constituye también su espacio de posibilidades. Es importante señalar que un espacio de posibilidades de una estructura esta matemáticamente acotado superiormente por todos los casos permitidos por su complejidad, pero para casos reales como los biológicos el espacio de posibilidades efectivo puede ser mucho menor que el matemático.

Ahora veamos cual es la complejidad de un aminoácido antes de ver la relativa a una proteína. Sabemos que un aminoácido se sintetiza mediante el concurso de 3 bases de ácido nucleico. Cada base puede tener 4 elementos que pueden ser Adenina, Timina, Guanina y Citosina en un orden lineal simple. Según esto la complejidad de un aminoácido será la siguiente:

Orden = 1; Magnitudes = 4; Número de componentes = 3

$C = 1 \times (4 \times 4 \times 4) = 4^3 = 64$

Lo cual significa que con 3 bases se pueden sintetizar 64 aminoácidos. Pero, entonces ¿porque necesitamos solo 20? Lo que sucede es que existe redundancia en el juego de las 3 bases de tal modo que se puede sintetizar un aminoácido con más de un codón (juego de bases). De este modo hay aminoácidos codificados por un solo codón tal como es el caso del Triptofano y otro como la Leucina que puede ser codificada por 6 codones distintos.

De todos modos, como vemos, es una complejidad bastante modesta la de este monómero. Ahora vayamos a ver la complejidad de una proteína, el elemento más básico de los organismos biológicos. Según sabemos esta es una cadena de aproximadamente 100 o más eslabones que se pliega sobre sí misma en la forma de un ovillo de acuerdo a las atracciones electrostáticas y enlaces débiles generados por los 20 aminoácidos distintos con los cuales puede estar constituido un eslabón. Su complejidad, suponiendo que tenga solo 100 eslabones, sería la siguiente:

$C = 1 \times (20 \times 20 \times 20 \times \ldots\ldots\ldots \times 20)$ 100 veces,

es decir:

$C = 20^{100}$ lo cual es aproximadamente 10^{130}

Como se observa la complejidad de una proteína es una cifra portentosa, si se estima que el universo contiene 10^{80} protones, necesitaremos 10^{50} universos para equiparar todos sus protones con todas las proteínas posibles. Pero no todas las proteínas posibles son funcionales para los sistemas biológicos.

Dicha restricción se denomina Restricción Funcional. La misma establece que toda estructura funcional, es decir, que tiene un objetivo y funciona para conseguirlo, es un subconjunto, más bien pequeño o incluso único, de todos los casos posibles permitidos por su complejidad. El número premiado de un juego de lotería sería un ejemplo de estructura funcional con restricción igual a 1 ya que dicho número es el único que funciona para cobrar el premio mayor.

La complejidad física se relaciona a su vez con la información física que tratamos en el capítulo 3 mediante la siguiente relación matemática:

$$\text{Información física} = \text{Log}_2 (\text{Complejidad física})$$

El hecho que el logaritmo esté en base 2 solo es para el caso que queramos expresar la información en bits, pero podría sin problemas usarse otra base logarítmica sin perjuicio de la relación matemática entre estos conceptos. Nótese también que esta expresión se aplica solo para el caso de la información física, más no para la información de Shannon ni para la información prescriptiva o ICE.

Visto lo que es la complejidad podemos ahora abordar la razón por la cual se produce la ignición funcional de modo abrupto. Esto obedece a la naturaleza de la asociación de sus partes constitutivas. Es decir, cómo están conectados o concatenados sus componentes y, por lo tanto, como se interrelacionan las funciones particulares a cada componente para producir el contexto funcional.

Para entender esto de una manera más sencilla consideremos el siguiente ejemplo:

Imaginemos un concierto en el cual se reúnen un grupo de distintos músicos especialistas en un determinado instrumento musical. Todos ellos se reúnen bajo la batuta de un director de orquesta y, bajo las premisas que haya establecido el director, necesitarán más o menos músicos. Supongamos ahora que durante una presentación un músico no se puede presentar. Si el director lo considera oportuno cancelará la presentación o dirá: "Me bastaré con el resto". Hay quien considerará de modo subjetivo que si quita un instrumento clave en el concierto ya no será perfecta la obra y por ello no puede realizarse con dicha ausencia, pero sin embargo, ello no es impedimento ABSOLUTO para no poder presentar una obra musical. Supongamos que sucesivamente dejan de presentarse otros músicos y el director aún con un cada vez más reducido número de ellos decide aún presentar el concierto hasta que sólo queda uno. ¿Puede presentar el concierto con un solo músico? Si, será entonces un solista, pero aún tenemos una obra musical.

En el ejemplo hemos visto un caso de ADICIÓN FUNCIONAL, esto quiere decir que el caso presenta un conjunto aditivo de funciones. Cada músico es una función que se SUMA al resto de modo que su sencilla ecuación de funcionalidad será:

Concierto = Músico 1 + Músico 2 + Músico 3 + ... + Músico n

Si cualquier músico se retira desaparece de la ecuación, pero el concierto aún es posible, incluso cuando se retiren todos menos uno. Dado que Concierto no puede ser igual a cero.

Si tomáramos el ejemplo en caso inverso veríamos que el concierto adquiere cada vez nuevos miembros lo cual exige del director saber organizarlos en aras de la armonía musical. Esta agregación funcional aditiva permite un resultado funcional que para el público y director puede ser impresionante, pero que matemáticamente, sino artísticamente, no es funcionalmente abortable por la ausencia de integrantes a no ser que no quede ninguno.

Veamos ahora otro ejemplo. Tenemos un sistema estructurado por 3 personas:

- El telegrafista del pueblo A
- El telegrafista del pueblo B
- El mensajero del pueblo B que lleva el telegrama al usuario final.

El sistema funciona así: Un habitante del pueblo A desea enviar un telegrama a un familiar del pueblo B en una época en la cual no existían otros medios de comunicación. Lo primero que necesita hacer es ir a la oficina del telegrafista de su pueblo y especificar un mensaje a telegrafiar. El telegrafista de A traduce el mensaje al código Morse y es enviado al pueblo B. En B el telegrafista de dicho pueblo traduce del código Morse dicho telegrama y lo transcribe en un formato de papel para dárselo al mensajero a fin de que lo envíe a la dirección señalada.

En este caso tendremos una PRODUCCIÓN FUNCIONAL con 3 factores que son los tres personajes antes aludidos cuyas funciones están asociadas productivamente. Si cualquiera de ellos no está disponible ¿Recibirá el destinatario el telegrama? Definitivamente no.

Si no está disponible el telegrafista del pueblo A no podrá ser enviado el telegrama. Si no está disponible el telegrafista del pueblo B no se podrá trascribir del Morse. Y si no hay mensajero (y el telegrafista no puede realizar dicha función) no se recibirá el telegrama.

Matemáticamente en este caso las funcionalidades presentan la siguiente ecuación de funcionalidad:

Recepción telegráfica = Telegrafista A x Telegrafista B x Mensajero B

Aquí observamos que si cualquiera de ellos es cero, es decir, no está disponible, entonces no hay recepción telegráfica. Este caso es IRREDUCTIBLEMENTE COMPLEJO para estos 3 personajes (o componentes de la estructura; porque si falta cualquiera de ellos el producto es CERO. No hay funcionamiento.

Qué pasaría si en lugar de 1 mensajero el pueblo B dispusiera de 2. Esta introducción de redundancia a la estructura incorporará la capacidad de no impedirse la recepción si uno de los mensajeros no está disponible. La ecuación de funcionalidad ahora será así:

Recepción telegráfica = Telegrafista A x Telegrafista B x (Mensajero 1B + Mensajero 2B)

Y se observa con claridad que si se retira el mensajero 1B el telegrama aún podrá recibirse. Esta ecuación es HÍBRIDA ya que presenta una combinación de ambos tipos de asociación funcional no siendo irreductiblemente compleja para los mensajeros más si para los telegrafistas.

Para el caso de un receptor de radio de amplitud modulada, por ejemplo, se necesitan 4 módulos o funciones: una función de sintonización "S" para captar por resonancia la señal portadora de la estación elegida, una función de detección "D" para cortar la portadora y dejar solo la parte superior, una función de filtro "F" para unir los picos de la portadora cuyas elongaciones forman la onda de sonido y una función auricular "A" o altavoz para oír el sonido. La ecuación de funcionalidad sería entonces:

Radio = S x D x F x A

La asociación es productiva y, como efecto, si cualquiera de las funciones colapsa, entonces la función de la radio también colapsará.

En los primeros tiempos de la radio se usaban auriculares y no altavoces dado que en las radios primitivas la potencia de la señal de la portadora era suficiente para escuchar el sonido con un auricular pegado al oído. Pero como ello no es práctico se les incorporó un amplificador que permita un volumen mucho más alto del sonido a través de un altavoz. Pero esta función mejora las prestaciones de la radio, pero su ausencia no colapsa la función de la radio.

En este caso la ecuación de funcionalidad sería:

Radio = S x D x F x A x (1 + Amplificador)

Si la amplificación es 1 entonces el volumen de salida estará al 200% de su potencia sin amplificador. Si es 39 entonces el volumen de salida estará al 4000% de su potencia sin amplificador.

Este caso corresponde a una estructura híbrida en la cual vemos como un elemento (el amplificador) puede extraerse sin colapsar la función, aunque a efectos prácticos disminuyan sensiblemente su eficiencia de uso. También aquí tenemos, como se observa por la presencia de los factores, complejidad irreductible.

De acuerdo a lo expuesto, cuándo concurre la presencia de componentes asociados aditivamente al conjunto, confieren al mismo una naturaleza híbrida y en tal condición, estos componentes accesorios que no están involucrados en la complejidad mínima funcional de dichas estructuras, podrán inactivarse sin causar el colapso funcional de la estructura que los contiene.

Resumiendo existen 3 maneras como un conjunto de componentes pueden asociarse para formar o no una estructura:

1. Mediante una asociación aditiva. En este caso las funciones de cada componente concurren como, por ejemplo, en el concierto de músicos. Aunque no es lo deseable por el director de orquesta, este sistema puede subsistir incluso con un músico actuando de solista. No tiene complejidad irreductible en cuanto a que sus componentes no están "conectados"

funcionalmente. En este sentido, al no tener restricciones que lo estructuren, como conjunto, no es una estructura funcional, aunque sí lo son cada uno de los componentes, es decir, los músicos y es más bien una concurrencia funcional.

2. Mediante una asociación productiva. En este caso las funciones de cada componente están conectadas en una disposición que puede ser simple o compleja, pero con restricciones que las vinculan con mutua interdependencia. A diferencia de los músicos requieren que la función de los demás componentes esté activa para que el resultado funcional exista. Si falla cualquiera de ellos la función colapsa. Esta asociación permite una estructura funcional y tiene complejidad irreductible.

3. Mediante una asociación híbrida. En este caso las funciones de los componentes se asocian tanto de manera productiva como de manera aditiva en una estructura híbrida. Este es el caso de la mayoría de estructuras existentes ya sean artificiales o naturales y por ello podemos encontrar que no todos sus componentes colapsan la función.

Podemos concluir entonces con estos sencillos ejemplos que las estructuras funcionales pueden presentar componentes que sean productivamente esenciales y otros aditivamente prescindibles. El que existan en un contexto irreductiblemente complejo elementos cuya desaparición no aborte la funcionalidad no significa que no existan otros que si sean esenciales y su desaparición si aborte la funcionalidad. Y que, por ende, no exista la misma complejidad irreductible. Simplemente es cuestión de indagar, por ingeniería inversa, cual es su ecuación de funcionalidad de tal modo que a través de la misma podamos precisar cuáles componentes son esenciales y cuáles no. Y por último reconocer que los casos naturales e incluso artificiales no siempre pueden juzgarse como irreductiblemente complejos de modo absoluto ya que pueden ser casos en los cuales se hibriden componentes irreductibles con otros redundantes.

Existen otros conceptos matemáticos más profundos llamados "Funciones de dependencia" que analizan cómo una estructural es función de un componente en concreto y, su derivada, la "Sensibilidad" nos indica cómo la función es sensible al cambio de la misma. Pero ello demandaría una exposición matemática que escapa a las pretensiones de este libro. Si pueden, en cambio, encontrarse en mi libro "Elementos de Estructuras Funcionales" escrito precisamente en el año 1996, el mismo en que el Bioquímico norteamericano Michael Behe publicó su libro "La caja negra de Darwin" donde popularizo el término "Complejidad Irreductible" y que yo denomine entonces, ignorando el trabajo de Behe, como "Complejidad Mínima Funcional". Sin embargo, para efectos de este análisis, asumiré la denominación de este concepto tal como lo popularizó Behe por ser la más conocida por el público.

¿Qué nos dice lo expuesto?

Nos dice que **la complejidad irreductible es una propiedad de las estructuras funcionales que poseen componentes asociados productivamente y que el punto de "Ignición funcional" se encontrará en la frontera en la cual todos los componentes funcionales no redundantes estén presentes. Otra forma de definirlo sería cuando el algoritmo que estructura el proceso esté completo. Y el mínimo de recursos necesarios para alcanzar la función constituye la "Complejidad mínima funcional".**

Toda estructura funcional es pues algorítmica tanto en su función como en su construcción. Es decir, tiene un algoritmo para funcionar y otro para ser construido, sin importar cuán simples o complicados sean estos. Los esfuerzos científicos por encontrar una posible formación abiogenésica de la vida pretenden decirnos que, por procesos naturales en sistemas químicos dinámicos alejados del equilibrio, ciertos componentes pueden asociarse para formar protobiontes, es decir, mecanismos precursores de la vida. Cabría entonces preguntarnos ¿De qué modo matemático deberían asociarse estos componentes químicos para formar estos mecanismos precursores, de modo aditivo, productivo o híbrido?

Para los adscritos a la propuesta megaevolutiva es más factible que la biología sea una acreción acumulativa de funciones para que los procesos darwinianos puedan ser verosímilmente capaces de incrementar la complejidad biológica e incluso pretender "diseñar" de modo natural los complejos ingenios biológicos que podemos observar en la naturaleza.

Pero, ¿Es posible albergar la esperanza de que los mecanismos bioquímicos de la vida sean solo aditivos más no productivos y por ellos sujetos a la irreductibilidad?

La bioquímica desde sus mismos cimientos presenta abrumadores casos de estructuras holisticas (en las cuales el conjunto es más que la suma de las partes) cualquiera que domine el tema no puede negar este hecho. Dos componentes separados aunque juntos no se parecen funcionalmente en absoluto a su funcionalidad cuando están ensamblados. Por ejemplo, un ácido desoxiribonucleico es casi idéntico estructuralmente a un ácido ribonucléico salvo por el pequeño detalle de tener ensamblado a este último un grupo hidroxilo extra (OH). Pero esta minucia cambia radicalmente las propiedades bioquímicas de ambos. El comportamiento químicamente estable del ácido desoxiribonucleico lo hace ideal para almacenar información mientras que el inestable ácido ribonucléico es más versátil para dirigir reacciones químicas y esa es su principal función.

Para evadir la complejidad irreductible tendríamos que pretender que los mecanismos biológicos son solo agregados químicos que funcionan aditivamente como los músicos de la orquesta. Pero ello no es posible porque innumerables mecanismos químicos funcionan productivamente o híbridamente y como consecuencia de ello requieren de catálisis para enlazarse químicamente en sociedades más complejas. En un mundo de agregados químicos aditivos no existirían las enzimas dado que no tendrían nada que hacer, pues ¿Si no hay matrimonios para que queremos casamenteros?

Sabemos, no obstante, que el mundo real no es así. La catálisis enzimática abunda en los procesos biológicos participando en la construcción de numerosos mecanismos biomoleculares. Y estos mecanismos por su naturaleza híbrida, como ya ha quedado establecido, tienen inevitablemente complejidad irreductible.

El puente teleológico

Ahora bien, después de haber examinado qué es la complejidad irreductible y por qué se produce cabe preguntarnos ¿Podría de algún modo la naturaleza producir mecanismos con complejidad irreductible?

Para el naturalismo evolutivo la respuesta a esta interrogante sería afirmativa ya que el mismo tiene la confianza de que la naturaleza dispone de leyes y mecanismos capaces de producirla. La propuesta de Charles Darwin se articuló en base a esta premisa. Pero ¿Esto es verdad?

Para responder a este interrogante es necesario definir con claridad los conceptos implicados. El primer concepto importante que debe ser establecido es definir qué tipo de complejidad está implícita en la complejidad irreductible. Si alguna virtud tiene la forma como he conceptualizado la complejidad irreductible popularizada por Behe llamándola "Complejidad Mínima Funcional" en mi investigación de 1996, es que este segundo término incluye una pista importante para establecer el tipo de complejidad implícita al señalar que esta es "funcional". Esto es muy importante porque nos señala con claridad que una complejidad irreductible solo tiene sentido para estructuras con complejidad funcional, es decir, que sirven para un propósito. Tienen una finalidad.

Cuando Behe popularizó este concepto como argumento para rebatir la capacidad de la naturaleza de producirla, inmediatamente surgieron voces contestatarias de que la misma es un argumento falaz y que los ejemplos por él expuestos en su libro "La caja negra de Darwin" no tenían en realidad complejidad irreductible y por consecuencia serían posibles de producir naturalmente por los procesos gradualistas de la Teoría Sintética. Se alegaron las siguientes razones:

1. **Los casos propuestos por Behe contienden muchos componentes funcionales que ya existen en otros contextos moleculares.**
2. **Existen muchos componentes que desligados del mecanismo molecular no colapsan la función.**

Considerando estas circunstancias la pretendida Complejidad Irreductible puede ser de hecho reductible o incluso inexistente y, por lo tanto, susceptible de origen gradualista.

Para explicarlo de forma sencilla analicemos un ejemplo:

Tenemos a un escéptico de la complejidad irreductible sentado en una silla. Él se pregunta si la silla en la que está sentado tiene o no complejidad irreductible, pero como es un buen experimentador empieza extrayendo uno de los apoya brazos de la silla. Descubre que sigue sentado y la función de la silla por ello no ha colapsado. Luego extrae el otro apoya brazos y comprueba lo mismo. Ya más convencido que la complejidad irreductible es una pifia extrae el respaldar de la silla y, aunque está un poco más incomodo, aún la función de la silla no ha colapsado. Por último como experimentación final decide extraer una de las patas de la silla y ¡Crash! Ya tendido en el suelo admite finalmente que la silla si tiene complejidad irreductible.

¿Qué fue lo que pasó? Nuestro personaje pudo refrendar su escepticismo mientras pudo retirar componentes accesorios, pero cuando atravesó el umbral funcional retirando una de las patas de la silla, sin considerar que para un apoyo cuadrangular se necesitan como mínimo 4 patas, la silla colapsó.

Con esta historia quiero resaltar que la complejidad irreductible, que yo llamo complejidad mínima funcional, es precisamente un punto matemático que marca la frontera entre la función y la no función. No significa que los ejemplos aludidos estén trabajando siempre en dicha frontera. Por lo general la gran mayoría de estructuras funcionales funcionan por encima de este punto incorporando complejidad accesoria qué, de extraerse, no colapsa la función. Y, como hemos visto, ello no significará que las mismas no tengan complejidad irreductible.

En casa hay muchos ejemplos de estructuras funcionales con complejidad irreductible. Por ejemplo, se puede abrir una radio (preferible de baterías, no con conexión a la red eléctrica para evitar el riesgo de shock eléctrico) y extraer aleatoriamente componentes electrónicos de la misma mientras esta encendido para así evaluar cuando colapsa la función. Luego se puede elaborar una estadística de qué porcentaje de componentes compone la complejidad mínima funcional y qué porcentaje compone la complejidad accesoria. Por otra parte muchos de los componentes de la radio, sino absolutamente todos, pueden estar presentes en otros artefactos electrónicos de acuerdo a su grado de multicontextualidad particular.

Ahora bien, el que una radio tenga componentes que no colapsan su función y que los mismos pueden pertenecer a otros contextos estructurales ¿Significa que estas estructuras no tienen complejidad irreductible como aluden con insistencia los críticos del DI? La respuesta es ABSOLUTAMENTE NO.

Entonces si admitimos que la complejidad irreductible existe y las observaciones expuestas no la inhiben, ¿Que podemos decir con respecto a la complejidad irreductible presente en los mecanismos biológicos? ¿En ellos si es un ilusión?

No nos molesta la idea de encontrar complejidad irreductible en los mecanismos artificiales creados por el hombre porque sabemos que la inteligencia humana salva con su ingenio el puente teleológico existente entre la no función y la función.

Pero, ¿Cómo se salva el puente teleológico entre la no función y la función para los mecanismos biológicos con reconocida complejidad irreductible, si se alude que la misma está libre de toda teleología?

He aquí el corazón del problema y el núcleo de la controversia entre el intervencionismo y el naturalismo.

A los biólogos naturalistas les molesta la complejidad irreductible por sus implicancias como puente teleológico. Se sabe que estos puentes son construidos con el concurso de la inteligencia por lo que, alegar que existen en el mundo biológico, sería admitir el asomo de un origen inteligente en el proceso y ello para el naturalismo es inaceptable.

Pero hasta ahora no hemos respondido a la pregunta crucial ¿Podría la naturaleza de algún modo por casualidad o el influjo de la selección natural construir un puente teleológico entre la no función y la función generando complejidad irreductible?

La dificultad que presenta la complejidad irreductible para construir un puente teleológico con los mecanismos de la Teoría Sintética o los de la Teoría de la Evolución Modular consiste en que comporta un número determinado de pasos subfuncionales que la selección natural no puede fijar ya que no representan ventaja alguna para la sobrevivencia.

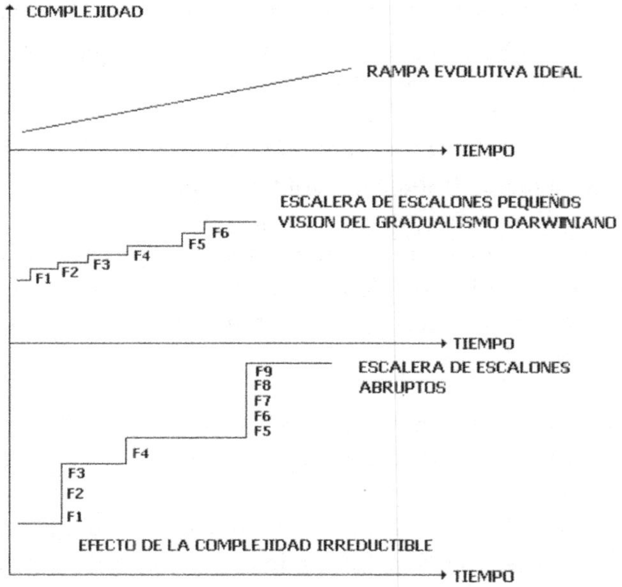

El gráfico ilustra este problema. Se muestran tres tipos de evolución de complejidad funcional con respecto al tiempo.
El primero ilustra el ideal darwiniano, la ladera suave del monte improbable de Richard Dawkins donde la resolución de la gradualidad es lo suficientemente pequeña para garantizar que el mecanismo darwiniano funcione.

El segundo gráfico es una visión al detalle de lc que sería esta suave rampa donde cada peldaño funcional está constituido por tan solo un peldaño.

La tercera gráfica es la que corresponde al efecto que comporta la complejidad irreductible y se ilustra mediante escalones que contienen grupos de subfunciones que concurren para cumplir un fin funcional. Dado que en este esquema se rompe el necesario gradualismo para garantizar la eficacia del mecanismo de incremento de funcionalidad darwiniano, es, por lo tanto, sumamente odiado y atacado por los naturalistas quienes trabajan febrilmente para investigar y proponer cualquier subterfugio que permita refutar esta realidad. Pero ello es una tarea inútil porque la tozuda realidad nos muestra que la biología está llena de mecanismos que corresponden a la tercera gráfica, es decir, a la de los escalones abruptos.

Además, para construir un puente teleológico entre la no función y la función de modo natural, debemos explicar que surjan no solo los componentes necesarios, sino también la sociedad específica u organización necesaria para la consecución del objetivo funcional, y ello mediante mutaciones y el influjo de la selección natural. Pero con estas herramientas no podemos fijar cada componente cuando estos aun no representan ninguna ventaja al organismo que lo comporta y, por lo tanto, la selección natural no puede fijarlas dada su subfuncionalidad. Este problema ya fue conocido en el pasado y en términos similares como el problema de la preadaptación.

Cómo construir un puente teleológico

El término "puente teleológico" cabe ahora abordarlo con mayor profundidad. Se denomina puente porque debe poder cruzar la distancia matemática existente entre la no función y la función. Se denomina teleológico porque implica una finalidad. No existe función sin finalidad y en consecuencia sin teleología. Esto no significa que un objeto o estructura que suple una función haya sido desarrollada para cumplirla. Yo puedo usar una piedra para romper una nuez que no fue "fabricada" para dicho propósito ni hay inteligencia de por medio. Los monos usan pajitas para extraer insectos para comer. Sin embargo, tanto en el caso de los humanos, los monos y otros animales que usan objetos simples monocomponentes para un propósito funcional, hacen uso de dichos objetos de un modo especifico, es decir, no vale cualquier piedra con cualquier forma o cualquier largo de pajita, sino que estos objetos deben ser "elegidos" o incluso transformados inteligentemente para cumplir del mejor modo la función que se les adjudica y por ello terminan siendo teleológicamente ajustados.

Sabemos que la vida está basada en las leyes fisicoquímicas. Pero ¿Puede surgir por el influjo de ellas? ¿Puede las leyes fisicoquímicas organizar asociaciones productivas de componentes químicos con resultados funcionales que sirvan como mecanismos de sistemas vivientes?

Para lograrlo deben cruzar el puente teleológico entre la no función y la función.

Se ha buscado diligentemente mediante diversas investigaciones en sistemas no lineales una auto-organización natural que pueda ser símil plausible de la vida. Se ha elaborado también muchas teorías de abiogénesis que pretenden explicar la emergencia de la vida en la Tierra. Sobre las mismas el propio Ilya Prigogine, premio nobel y gran investigador de este campo, admitía en el foro de la UNESCO que aún están lejos de superar el "desfase" entre las estructuras físico-químicas complejas y la vida. Este desfase no es otro que el puente entre la no función biológica y la función biológica.

Existe una infinidad de compuestos químicos, incluidos los aminoácidos que constituyen las proteínas, que pueden formarse por medios naturales. ¿La vida no podría por extrapolación también surgir de una fortuita polimerización especializada? ¿Que tiene la vida que desafía estos intentos de encontrarle una explicación natural?

Pues tiene algo que se llama PLAN escrito en una cadena de azúcar llamada ADN y cuya estructura fue dilucidada en 1953 por Watson y Crick.

Lo primero que inquietó de este descubrimiento y los realizados en años posteriores es que pusieron en relieve que la vida tenía un CÓDIGO biológico muy similar a un código digital con interruptores, detectores de umbral, señal de inicio, parada, datos de secuenciación de aminoácidos, ARNs y reguladores entre otros elementos de cómputo. Era más digerible la idea de que la vida fuese una máquina compleja. Quizá de alguna manera la naturaleza pueda producir máquinas, pero ¿También computadoras con un código en el que está escrito el software necesario para su funcionamiento? Esto ya es ir demasiado lejos y ello porque conlleva la presencia de 2 agentes no producibles por la naturaleza: **Un sistema de codificación** como el código nuclear y mitocondrial, y **un conjunto de algoritmos (software)** para dirigir las funciones metabólicas, la adaptación al entorno y la reproducción, es decir, un autentico PLAN de funcionamiento y desarrollo.

¿Tienen planes las estructuras no funcionales? No, podemos esquematizar como están espacio-temporalmente dispuestas y como trascurren la evolución de sus atractores para estructurarlas, pero no son planes en el sentido que no las han llevado a la existencia como fruto de construirlas en base a ellas. Un plan implica una construcción inteligente. El viento puede producir silbidos musicales de modo natural, pero no están producidos por ninguna partitura que pueda registrar **un plan de producción a fin de poder ser reproducidas**.

Pero ¿Por qué un plan debe implicar inteligencia? Porque para organizar una estructura funcional se necesita incorporar nodos de decisión en la cual sean ELEGIDAS las acciones a tomar de acuerdo al fin funcional. El plan biológico comporta estas características y las mismas no pueden ser producidas por el solo concurso de leyes y atractores fisicoquímicos.

David L. Abel en su artículo "The Capabilities of Chaos and Complexity" publicado en la "International Journal of Molecular Sciences" describe esta última dificultad:

"El metabolismo emplea principalmente proteínas. Las secuencias nucleótidas en el mARN (ARN mensajero) prescriben las secuencias de aminoácidos que determinan la identidad proteica. La cadena de ADN es principalmente inerte. ***La fisicoquímica no juega ningún papel directo en la construcción proteica, el transporte y la catálisis.*** *Las moléculas biológicas tienen una complejidad bidimensional (estructura biopolimerica*

secundaria) y complejidad tridimensional (estructura biopolimerica terciaria) son ambas finalmente determinadas por una complejidad de secuencia lineal (estructura`primaria; secuencia compleja funcional, SCF). Las proteínas chaperonas que contribuyen al plegado proteico también son a su vez prescritas por el programa digital lineal genético especificado en la secuencia de ADN.

La genética no sólo utiliza un sistema de símbolos lineales digital, usa un resumido bloque de Hamming para reducir la contaminación de ruido en el canal de Shannon (tripletes de codones para prescribir cada aminoácido). Los anticodones están en extremos opuestos de las moléculas de t-ARN desde los aminoácidos. ***La vinculación de cada t-ARN con el aminoácido correcto depende enteramente de una familia completamente independiente de proteínas aminoacil t-ARN sintetasa. Cada una de estas sintetasas debe ser específicamente prescrita por separado en la programación lineal digital,*** *pero utilizando el mismo MSS. Estos sistemas de símbolos y de codificación no sólo son anteriores a la existencia humana, ellos producen a los seres humanos con su mente antropocéntrica.* ***La sintaxis de los nucleótidos y el codón de ADN de la prescripción digital lineal no tienen una explicación físico-química.*** *Todos los nucleótidos se unen con el mismo enlace rígido fosfodiéster 3'5?.* ***La tabla de codones es arbitraria y formal, no física.*** *La función semántica/semiótica/bioingeniería necesaria para hacer las proteínas requiere una dinámicamente inerte configuración de interruptores de estados y reordenables vehículos de simbología física. La sintaxis de codones comunica independiente del tiempo, no un "significado" fisicodinámico* *(prescripción de biofunción).* ***Estos significados se realizan sólo después de la traducción abstracta a través de una tabla de codones conceptual. Insistir en que la sintaxis de los codones sólo representa la secuencia de aminoácidos no es, en nuestra mente humana, lógicamente sostenible".*** Énfasis en negrita añadido.

Esto último es lo que se pensó luego del descubrimiento de la estructura del ADN. Entonces, como lo vimos en el capítulo anterior, se creía que lo "natural" seria que dicha secuencia de codones podría sintetizar los aminoácidos uniéndolos por complementaridad, pero ya en 1957 el propio Francis Crick observó que ello no era posible. Más adelante el mismo dio una serie de predicciones que confirmaron que el proceso que parte desde la prescripción de una proteína codificada en el ADN hasta la misma, requería de varios intermediarios, en concreto de una maquinaria para llevarlo a cabo y en efecto así fue descubierto. Si en el inerte ADN se aloja un programa (software) necesitaba una maquinaria (hardware) que fuese capaz de activar vectores de interrupción al igual que en las computadoras humanas. Estas son las zonas de regulación alostérica que, negociando con el medio intracelular y extracelular, pueden activar o inhibir la síntesis de proteínas de acuerdo a un algoritmo de operatividad que controla el metabolismo, la replicación, el control de amenazas y otras actividades fisiológicas.

Si para cruzar el puente teleológico entre la no función y la función en los mecanismos creados por el hombre necesitamos una plan exterior (exoplanificación) para organizar los materiales y la energía con un orden de secuencia en el proceso de construcción incluyendo al mismo constructor como agente ejecutor del plan, en los seres vivientes se precisa de un plan interior (endoplanificación) que organice de forma autónoma los materiales y la energía, pero no sola, siempre con la ayuda del progenitor hasta conseguir una complejidad mínima funcional que faculte al nuevo ser a vivir por cuenta propia.

Sin planificación la vida no podría existir ya que necesita llevar su "plan de contingencias" debidamente almacenado en una plataforma de registro de información. Ahora bien, esto nos lleva para el caso de la biología a un hecho a considerar sumamente importante: **no tenemos que armar el puente teleológico de la estructura con la estructura misma, sino que debemos armarlo con el programa que prescribe como debe formarse**. Esto es similar a decir que para producir un preparado gastronómico más sofisticado no debemos de trabajar añadiendo nuevos ingredientes con particulares disposiciones a un plato de comida previo, sino que debemos aumentar la información prescriptiva necesaria para desarrollar esta ampliación **en la receta**, y ello en el orden adecuado y con la coherencia funcional con la misma. La Teoría Sintética debe trabajar allí y no como suelen alegar algunos haciendo ingeniosas suposiciones de que una determinada molécula se unió a otra por afinidad electrostática y luego con otra que ya participaba en otro contexto molecular y que así, surgió por coopción, un mecanismo molecular con complejidad irreductible.

Tenemos que pretender que las mutaciones tienen que actuar NO EN LA ESTRUCTURA, sino el PROGRAMA QUE DIRIGE SU

DESARROLLO para conseguir la aparición de nuevas funciones que requieren varios genes, zonas de regulación y otros elementos en el ADN para surgir.

En este escenario no sirven las afinidades electrostáticas ni las posibles sinergias funcionales por acoplamiento tan recurridas por los teóricos naturalistas ya que el mismo discurre sobre un algoritmo en el cual la información lineal está CODIFICADA. Esto significa que el agente que lo codificó debió de establecer que agentes van a participar en la construcción del mecanismo funcional junto a sus fases, nodos de decisión y la invocación a subfunciones específicas para dichas fases. La naturaleza NO crea ni plataformas de información ni crea programas, la inteligencia SI.

En conclusión, la naturaleza puede crear complejidad con sociedades productivas de componentes, la química da fe elocuente de ello. **Sin embargo dichas estructuras no colapsan para un fin funcional ya que no tienen ninguno**. No hay, por lo tanto, complejidad mínima funcional (complejidad irreductible) en estos sistemas. Se construyen y se destruyen en procesos naturales no arbitrarios, influyen y son influidos, pero carecen de función específica. Por otra parte una complejidad con sociedad productiva funcional **es una organización arbitraria especificada para el fin funcional establecido** y no es fruto de ninguna organización fruto del azar ni puede ser generada por atractores fisicoquímicos en sistemas no lineales alejados del equilibrio termodinámico.

Sin embargo, como ya es de sobra conocido, el naturalismo no puede aceptar jamás esta última conclusión ya que considera que la vida tiene que tener producción natural y, aún admitiendo que abunda en ejemplos de complejidad irreductible, lo cual es obvio, se ve obligado a creer que esta deben haber sido también creada por la naturaleza. Algo que ya se ha establecido aquí como un fenómeno a todas luces imposible.

Aún así, como el naturalismo se aferra a la idea que tanto el software como el hardware biológicos pueden surgir por medios naturales, debe proponer escenarios y posibles procesos que deban crear ambas cosas por medios naturales. El fracaso está asegurado. No obstante, se busca con rigor encontrar los primeros pasos que, por alguna extrapolación posible, puedan llevar a cruzar de modo natural un puente teleológico entre la no función y la función biológica que lleve a la vida y la posterior generación de complejidad funcional que presenta.

Un intento para salvar este escollo, por parte del naturalismo materialista, consiste en proponer que la naturaleza puede producir complejidad especificada y funcional asumiendo que un complejo funcional irreductible puede formarse mediante la asociación de precursores menos complejos ya funcionales en otros contextos. Entonces si encontramos en la bioquímica a estos precursores menos complejos y ya funcionales en otros mecanismos biomoleculares, entonces es previsible y plausible que los complejos mayores sean fruto de esta asociación. Basados en esta estrategia se han emprendido múltiples críticas a la complejidad irreductible popularizada por Michael Behe. El sistema de coagulación de la sangre, el cilio y el flagelo, por citar los ejemplos más populares en esta controversia, se consideran formados mediante esta propuesta de modo que, según estos críticos, la CI, que para Behe implican tales mecanismos, no sería real. Cabe entonces preguntarnos:

¿Pueden complejos funcionales menores dar lugar a uno mayor?

Para introducirnos en el análisis de esta propuesta vamos a utilizar una crítica al desafortunado ejemplo de la ratonera propuesto por Behe como ilustración de la CI.

En dicho ejemplo se muestra que no hay forma más simple de conseguir una trampa para cazar a un ratón dado que, si a su complejidad mínima funcional le quitamos tan solo un componente, ya no habrá ninguna capacidad para cazar un ratón. A este ejemplo y al concepto que ilustra, se lo ha refutado mediante el argumento del gradualismo funcional, según el cual, si bien es verdad que los componentes por si solos no pueden funcionar como una ratonera, si son funcionales para otros propósitos, es decir, tienen funcionalidad singular (funciona por sí mismo sin necesidad de estar conectado a otros componentes) o ya han sido usados en otros contextos y, por lo tanto, una vez cooptados sí podrían ser fijados por la selección natural para participar en una nueva sociedad estructural.

Estos críticos dicen que la palanquita de la ratonera puede tener distintas funciones de uso ya que, si bien tiene una única función de diseño, puede funcionar como clip, el resorte sirve como muelle para cualquier otro uso y así con el resto de los componentes. Dada esta circunstancia, por extrapolación, también organismos más complejos tendrían componentes funcionales fijables por la selección natural. Entonces el argumento de la complejidad irreductible como obstáculo para la evolución darwiniana sería rebatido para regocijo de sus críticos.

Sin embargo, las matemáticas nos mostrarán por qué es desafortunado el ejemplo de la ratonera y si es verdad que dicha refutación realmente funciona.

Si abrimos cualquier artefacto veremos que muchos de sus elementos son multicontextuales. Un tornillo, por ejemplo, puedo usarlo en muchos artefactos aunque no en todos ya que no todos los agujeros roscados tendrán el mismo diámetro y grosor de torque. Una resistencia determinada también puede ser parte de muchos contextos electrónicos aunque no de todos de acuerdo al diseño. Ahora bien, como lo vimos en el capítulo 4, si progresamos en la complejidad del componente notaremos que conforme es más complejo resulta ser menos multicontextual. Si comparo una resistencia con un microprocesador notaremos enseguida que el primero es mucho más multicontextual que el segundo que solo puede ser ensamblado en determinadas placas base que sean coherentes no solo con su conector físico, sino también con su contexto operativo.

De este modo la asociación afortunada de componentes bioquímicos en un nuevo contexto desde otros contextos en los cuales ya son funcionales solo nos dice que algunos componentes bioquímicos son reutilizados más de una vez, más no que su sola existencia posibilite que integren contextos funcionales más complejos. Primeramente deben poder conectarse entre sí para formar el nuevo contexto de un modo específico y, como ya hemos visto, a más complejos menos posibilidades tienen de ser coherentes funcionalmente y por ende de poder conectarse. Si en el ratón de Behe eso parecía plausible en la bioquímica real ello ya no lo es.

El ejemplo del rompecabezas que forma una letra T visto en el capítulo 4 es, no obstante, bochornosamente pobre para ilustrar una idea más relevante aún. La coherencia de contexto que tiene cada pieza de la T significa, no solo que la misma pertenece y además puede completar un contexto estructural funcional, también implica que el resto de componentes deben de estar "adaptados o ajustados" al mismo de tal manera que un cambio de magnitud en el mismo no sea soportado por el resto más allá de cierto umbral de tolerancia.

Imaginemos que tenemos un edificio y necesitamos calcular que resistencia a la compresión debe tener el hormigón de las columnas de la base de un alto edificio. Un ingeniero deberá especificar de acuerdo a la altura del mismo y por consecuencia a la carga que recibirán dichas columnas dicha resistencia. Él no puede prescribir esta propiedad de modo caprichoso, sino de un modo específico que sea funcionalmente coherente con el contexto que le toca participar. De este modo es posible que dicha resistividad se restrinja a un estrecho rango de valores posibles, pero más allá de cierto valor límite mínimo, pondrá en serio riesgo la integridad del edificio al punto de ponerlo en situación de posible colapso.

Del mismo modo yo puedo cambiar los neumáticos de mi automóvil con otros más pequeños o más grandes, pero hay límites al cambio. Si es demasiado pequeño el automóvil no podrá andar y si es demasiado grande el mismo ni siquiera se podrá conectar al mismo. Pero, aún puedo usar un neumático muy grande si en este caso cambio el contexto al cual se asocia. O dicho en otras palabras adapto el contexto al cambio de escala del componente. Entonces para el caso del ejemplo aludido dicho neumático grande ya no lo conectaría a un vehículo pequeño, sino más bien a una camioneta o incluso un camión que son contextos más adecuados para recibir un neumático de dichas dimensiones.

Tal como acabamos de ver, el efecto de los cambios de escala sobre un contexto implica que este último debe adaptarse o modificarse para que ciertos cambios de escala sean viables. Por ejemplo, si quisiéramos hacer el cambio de escala para las dimensiones de una mosca en un factor de 100, es decir, resultando una mosca gigantesca como las típicas de las antiguas películas de ciencia ficción de la serie B. Sin lugar a dudas la monstruosa mosca no podría subirse por las paredes ni revolotear como lo hacía cuando era 100 veces más pequeña. Si tuviéramos que diseñar de nuevo a la mosca para que hiciera algo parecido a lo que hacen las moscas comunes con un tamaño 100 veces mayor sin lugar a dudas habrá que realizar toda una reingeniería completa de sus sistemas vitales y motores.

En la biología, ya sea por la variabilidad genética o por cambios o mutaciones epigenéticas, se producen muchos cambios de cambio escalar, y de hecho muchos son viables cuando se dan dentro de un rango viable de cambio de escala. No obstante, no se pueden ignorar los efectos perjudiciales de cambios de escala en determinadas variables biológicas, sean estas morfológicas, metabólicas o de cualquier otro tipo cuando exceden ciertos valores y cuando el contexto no es capaz de asimilar dicha tasa de cambio. Esto no solo produce muchas enfermedades y trastornos físicos, sino incluso la muerte.

En este sentido los cambios de escala no pueden usarse alegremente como factores evolutivos, tal como lo pretende la visión darwiniana, y como lo propone Richard Dawkins es su apreciación de que un cambio de escala en el cuello de la Jirafa puede presentarse sin que el contexto no sufra una adaptación necesaria para admitir dicho cambio. De este modo este factor, que evidentemente podría presentarse por una sola mutación (que haga las vertebras más largas), no puede invocarse alegremente como cambio morfológico viable dado que deberá estar acompañado por toda una batería de cambios estructurales que soporten adecuadamente dicho cambio de escala ya que, como acabamos de ver los cambios de escala más allá de cierto límite precisan de una adaptación del contexto que los contiene.

Como bien lo señaló el El Dr. Wolf-Ekkehard Lönnig, un alargamiento del cuello de la jirafa no puede ser viable al margen de otros complejos cambios adaptativos tales como cambios en la musculatura del esófago, cambios en el sistema vascular (corazón, arterias, capilares), sistema nervioso y otros. Pretender que un cambio de escala importante no implica numerosos reajustes del diseño biológico es un común error en la visión darwiniana de la evolución.

Después de todo lo visto y volviendo a la pregunta: ¿Pueden complejos funcionales menores dar lugar a uno mayor? Podemos responder lo siguiente:

Para que complejos menores funcionales den lugar a un complejo mayor que también sea funcional sin la participación de ninguna dirección inteligente y sólo por el influjo del azar, debemos esperar que se produzcan las siguientes situaciones:

1. Si los complejos menores son bastante complejos tendrán ínfimas posibilidades, por efecto de la multicontextualidad, de enlazarse fortuitamente con un complejo mayor. Sin son muy básicos siendo tan solo moléculas simples o incluso átomos, entonces si tendrán más posibilidades de enlazarse, pero al ser menos funcionales dependerán más de una organización específica para ser funcionales en el complejo mayor.

2. Siendo dicha organización específica de naturaleza algorítmica, la selección natural no tiene poder alguno para organizar exitosamente un complejo mayor de la unión de complejos menores de modo fortuito dado que tan solo seleccionando el output no tiene poder para organizarlos.

3. El complejo menor debe tener coherencia de contexto con el complejo mayor de tal modo que el primero complete funcionalmente al segundo.

4. Debemos esperar también que de modo totalmente fortuito el complejo mayor deba estar adecuadamente ajustado al valor de escala del complejo menor asimilado.

De estos 4 puntos no todos tienen el mismo poder para refutar la factibilidad de que por casualidad se pueda producir que un complejo mayor funcional pueda formarse de la conexión feliz de complejos menores ya funcionales en otros contextos. Personalmente puedo decir que los puntos 1,3 y 4 son altamente improbables, pero aún posibles. No obstante, el punto 2 es definitivamente imposible.

Cuando el fallido viaje del Apolo XIII retornaba a la tierra con sus tres tripulantes en penosas condiciones de supervivencia, se presento un nuevo problema; el nivel de CO2 estaba elevándose peligrosamente en el módulo de mando Odisea. Desde Houston se convoco a un grupo de ingenieros para que idearan cómo construir con los objetos que se encontraban en la nave un nuevo reductor de CO2. Finalmente lo hicieron. Con tubos, bolsas de plástico, cinta adhesiva, un calcetín y otros objetos propusieron un eficaz reductor que, reproducido por los astronautas, pudo salvarles la vida. Es este un claro ejemplo de un complejo mayor resultado de la conexión de varios complejos menores ya funcionales por si mismos o en otros contextos, **pero hay que destacar enfáticamente que el mismo no lo resolvió la naturaleza, sino la inteligencia humana.**

La visión darwiniana de la evolución biológica nos dice que estas asociaciones no solo son posibles en la bioquímica, sino que además se han producido afortunadamente innumerables veces en la historia biológica. Sin embargo, se basan más en una exacerbada fe en el poder organizador de la naturaleza que en su factibilidad matemática real. Y esta factibilidad nos dice que no es tan solo improbable, sino, por el punto 2, definitivamente imposible sin el concurso de la inteligencia.

Capitulo 7

COMPLEJOS AUTORREPRODUCTIBLES

Quizás la característica más extraordinaria de la vida es su capacidad de poder reproducirse en un nuevo ser. Tanto la reproducción por división celular de las bacterias y las arqueas que son seres unicelulares, como los tipos más complejos de reproducción de los pluricelulares, representan logros tecnológicos que aún no han sido físicamente resueltos por la ingeniería humana. Si bien su concepción teórica ya ha sido planteada por el matemático John von Neumann en la década de los 40 del siglo pasado.

Si se pudiera construir un ingenio autorreproductor capaz de conseguir su propio metabolismo transformando materiales en recursos para sí mismo y en energía para su funcionamiento, y luego se le incorpora un computador con sensores y capacidad cognitiva con inteligencia artificial, sería lo más parecido a crear vida artificial.

Intentos reales de conceptualización y análisis de estas posibilidades ya sean han llevado a cabo a principios de los años 80 del siglo pasado por varios grupos de investigación asociados a la NASA. Los mismos investigaron el concepto de máquinas que fueran capaces de autorreproducirse. Uno de ellos, el Self-Replicating Systems (SRS) Concept Team dirigido por Richard Laing, demostró que la creación de una máquina autorreproductora era una meta alcanzable, mientras que otro, el Mission IV, sugirió que los sistemas autorreproductores deberían tener 5 formas de conducta mecánica: producción, desarrollo, reproducción, evolución y autorreparación.

El primer diseño de la NASA consistía en una fábrica autorreproductora de propósito general y autónoma que podría ser desplegada sobre la superficie de lunas o planetas. Conseguirían los materiales crudos por minería, mientras que excavadoras, cargadores y vehículos de transporte controlados desde el centro de mando realizarían su trabajo funcionando como extremidades. Los elementos excavados serían analizados, ordenados y enviados al depósito de materiales, desde donde se enviarían a la planta de producción de partes, que crearía componentes a partir tanto del producto de salida como de los productos resultantes. Estos componentes serían enviados al depósito de partes y participarían en el proceso de producción.

El segundo diseño constaba de una semilla esférica de 100 toneladas, en cuyo interior se encontraba un conjunto de robots con tareas específicas. Una vez plantada en el nido lunar adecuado, el huevo se abría y su cargamento de robots emergería.

Estos autómatas no estarían limitados al Sistema Solar como se podría pensar en un principio, sino que dado que las semillas no llevan seres vivos, los largos períodos requeridos para cubrir las vastas distancias interestelares serían irrelevantes. El grupo Mission IV aseveraba que *"las pruebas reproductivas pueden permitir la investigación directa del millón de estrellas más cercanas en aproximadamente 10.000 años, y de la totalidad de la galaxia de la Vía Láctea en menos de 10.000.000 años, todo ello iniciado por la humanidad con sólo una inversión total de una simple nave exploratoria autorreproductora".* Por este motivo de expansión y reproducción estas máquinas podrían ser vistas como organismos vivos.

Estos dos fabulosos proyectos de la NASA nos permiten introducir cual es la envergadura de un sistema que es capaz de autorreproducirse tal como lo pueden hacer los seres vivientes, pero desde los recursos de la ingeniería humana.

En los años 40, antes que se conocieran por los trabajos de Watson y Crick las características informáticas de los sistemas vivos y se consolidaran sistemas de cómputo más potentes, von Neumann se propuso abordar qué se requiere para conseguir que un dispositivo creado por el hombre pudiera ser capaz de crear cualquier sistema físico incluido él mismo.

Antes de Neumann otro matemático llamado Alan Turing reconociendo como la incipiente tecnología de computación que él mismo ayudo a crear tenía símiles evidentes en la biología, buscó establecer un formalismo que sirviera para definir la capacidad de computo tanto de los sistemas naturales como de los artificiales. Ideó un dispositivo hipotético conocido como máquina de Turing. Este dispositivo es capaz de realizar una función computando una cinta de entrada que puede ser ilimitada y que contiene símbolos que pueden ser impresos o borrados secuencialmente. Lo interesante de su máquina hipotética es que puede, a diferencia de muchas de las máquinas mecánicas y eléctricas de su tiempo que solo podían realizar un solo tipo de cálculo, ser universal, es decir, puede generar cualquier función computable.

Este dispositivo se lo conoce como máquina universal de Turing (MUT). Para entender esto mejor consideremos dos casos. Las calculadoras electrónicas, por ejemplo, realizan muchas sofisticadas funciones, pero no son MUT. Sin embargo, un computador cualquiera si es un MUT ya que puede realizar cualquier función computable si se lo alimenta con los datos y el algoritmo adecuado para cumplir dicho propósito.

Neumann ideó otro dispositivo abstracto que en lugar de computar como la MUT pudiera hacer algo más desafiante: construir. Este dispositivo, que lo llamo constructor universal (CU), sería capaz de recoger materiales de su entorno a fin de construir cualquier estructura física posible incluyéndose a sí mismo.

Era evidente que lograr físicamente dicho dispositivo no estaba en las posibilidades técnicas de su tiempo (ni siquiera en el actual) por lo que, para estudiar sus posibilidades matemáticas, era necesario encontrar un modo de crearlo aunque no fuese de modo físico. En este punto Stanislaw Ulam sugirió a von Neumann la construcción de un mundo abstracto, regido por reglas bien definidas, para analizar los principios lógicos de la autorreproducción. Este mundo se basaba en la idea original de los autómatas celulares.

Los autómatas celulares son entidades que existen en un escenario virtual que constituye "su mundo" y reglas de cambio de acuerdo al entorno circundante que constituyen "sus leyes". Dado un número determinado de "células" en determinadas posiciones como condiciones iniciales y con determinadas reglas de cambio como leyes, estos autómatas celulares evolucionarán en el tiempo generando patrones cambiantes y complejas disposiciones conforme avancen los ciclos de tiempo.

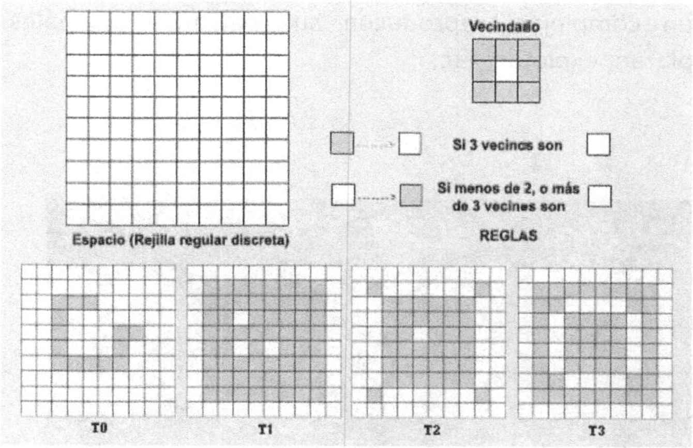

Fuente: Autómatas Celulares. Universidad Católica Andrés Bello. Facultad de Ingeniería.

La imagen anterior muestra cómo trabaja un mundo virtual de autómatas celulares. Se trata en este caso de un "mundo" que consiste en una rejilla regular discreta de 10x10 casilleros donde cada celda puede ser rodeada por 8 celdas vecinas y con ellas se pueden crear "leyes" arbitrarias como las que se muestran en esta imagen para cambiar de blanco a gris o de gris a blanco. En la parte inferior se muestran 4 ciclos de tiempo donde se aprecia cómo evoluciona el estado inicial en

T0, en virtud de las reglas especificadas, para convertirse en T1 y luego en T2 y T3.

El escenario puede ser mucho más grande (tener muchas más celdas o células), tener más reglas arbitrarias y procesarse con todos los ciclos de tiempo que se precise a fin de estudiar cómo evolucionan los autómatas celulares y generan patrones, se hacen complejos, reproducen sus patrones originales, se desplazan, explotan, etc.

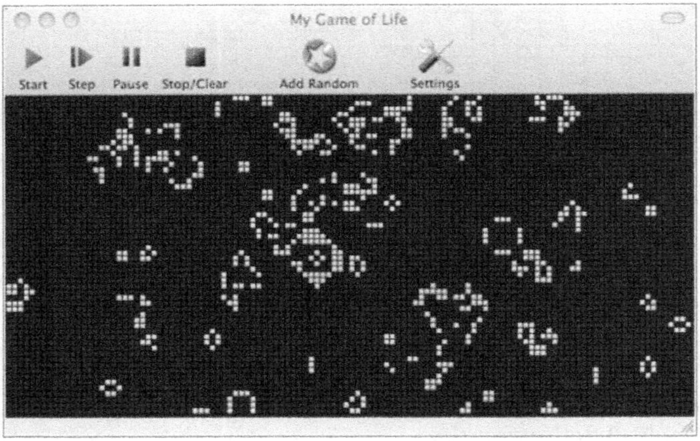

El famoso juego "Vida" de John Conway se basa precisamente en la simulación de autómatas celulares y es invocado con entusiasmo por muchos científicos como ejemplo de cómo la complejidad puede surgir a partir de leyes sencillas. Y si esto sucede en el juego "Vida" ¿No nos permitiría vislumbrar que la enorme complejidad de la biología sea también producida a partir de las leyes físico-químicas actuando sobre moléculas durante vastos períodos de tiempo?

Definitivamente las posibilidades y usos funcionales de las estructuras formadas por los autómatas celulares son muy interesantes. Conway, por ejemplo, ha propuesto que es posible construir una MUT a partir de estructuras de autómatas del juego "Vida". Incluso se pueden usar las estructuras llamadas "planeadores" (por su forma y comportamiento) para construir funciones lógicas que permitan crear con los mismos todo un computador que sea capaz a su vez de crear otro mundo virtual. Sin embargo, hay un problema de bulto en este asunto y es que las estructuras que surgen en estos mundos virtuales, aunque realizan distintos comportamientos que parecieran emular las interacciones del universo real, no son funcionales a no ser que el diseñador del universo autómata lo disponga así mediante un deliberado ajuste de las condiciones iniciales y las reglas de cambio para conseguirlo. Sin embargo, los autómatas celulares por sí mismos se encuentran en el mismo problema señalado en el capítulo 1; pueden complejizarse todo lo posible, pero la complejización no es sinónimo de propósito emergente y por consecuencia no explica la aparición de funcionalidad.

El físico Paul Davies en su libro "La mente de Dios" trasluce, pese a su entusiasmo por el juego Vida de Conway, cómo la inteligencia es requerida necesariamente para construir funcionalidad:

*"**Tras mucha experimentación y pensamiento, Conway fue capaz de mostrar que tales circuitos lógicos podían de hecho ser construidos en el universo Vida**. La idea esencial es usar una procesión de planeadores para codificar números binarios. Por ejemplo el número 1011010010 puede ser representado*

*ubicando un planeador en la procesión en la posición de cada 1, mientras que se dejarían espacios para los ceros. Las compuertas lógicas pueden entonces **ser construidas acomodando las corrientes de planeadores para que se intercepten en ángulos rectos de una forma controlada.** Debido a que una compuerta Y emitirá un planeador sólo si simultáneamente recibe planeadores en ambas corrientes de entrada (de este modo codificando la operación 1 + 1 --> 1). Para lograr esto, y construir la unidad de memoria para almacenar información, Conway necesita sólo cuatro especies de Vida: planeadores, planeadores cañón, comedores, y bloques.*

Se necesitan muchos trucos inteligentes para posicionar los elementos correctamente y orquestar la dinámica. No obstante, los circuitos lógicos necesarios pueden ser organizados y las formas luminosas en el universo Vida pueden funcionar de una forma perfectamente apropiada, aunque un tanto lenta, como una computadora universal." Énfasis en negrita añadido.

Nótense cómo, las partes señaladas en negrita, no se especifica en absoluto que dichas construcciones aparezcan de modo fortuito simplemente esperando con paciencia que en computadores extraordinariamente potentes se produzcan de modo fortuito con el tiempo. Por el contrario, se precisan, como dice Davies, de *"**muchos trucos inteligentes para posicionar los elementos correctamente y orquestar la dinámica"***, es decir, requieren una dirección inteligente para generarlos.

Pero, la idea del CU de Neumann no se circunscribía a una existencia virtual como autómata celular. Su enfoque era encontrar qué necesita el mismo para poder autorreplicarse físicamente de un modo no trivial.

Para entender la diferencia entre autorreplicación trivial y no trivial es necesario tomar en cuenta los recursos en información necesarios para que esta se produzca. En una autorreplicación trivial estos recursos en bits de información son inferiores a los del sistema que describe. Un cristal, un virus biológico o informático, un prion, son ejemplos de replicadores triviales ya que los cristales sólo necesitan resonar su estructura para crear una red cristalina. Un virus no puede replicarse por sí mismo mas bien debe introducirse en un núcleo celular para usar su maquinaria a fin de reproducirse. Un virus informático tan solo necesita de un solo comando de copia para reproducirse infectando otros computadores a los que por alguna vía de comunicación pueda accesar. Un prion es una proteína que puede, también por resonancia, contagiar su configuración a fin de convertir a otra proteína similar en otro prion igual. En todos estos casos de replicación trivial intervienen recursos del exterior y en consecuencia no se bastan a sí mismos para hacer una verdadera autorreplicación, es decir, aquella dirigida enteramente desde centro como es el caso de la autoreplicación no trivial.

Por ello Neumann necesitaba encontrar qué elementos constituyen una autentica autorreplicación no trivial como es el caso de una célula viva a fin de conceptualizar su posible construcción. Se dio cuenta que el constructor autorreplicante no necesita ser universal, pero si debía tener una descripción de sí mismo y una unidad de control que guíe la construcción tanto de la nueva replica como de la descripción a fin de que el nuevo autorreplicante pueda poder autorreplicarse a su vez.

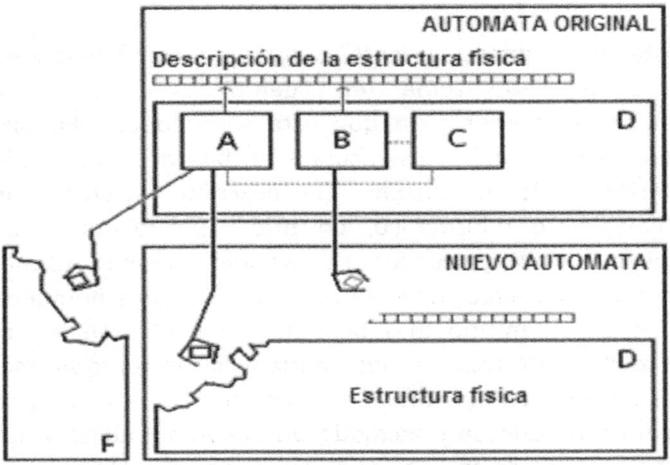

Fuente: Mario Hernández. Autorreplicación. Instituto Universitario de Sistemas Inteligentes y Aplicaciones numéricas en Ingeniería.

La figura anterior muestra un esquema teórico de la máquina autorreplicación de von Neumann donde A representa la máquina general de construcción que se encarga de copiar la estructura física, B representa la máquina general de copiado que debe copiar la representación de la estructura física (la información prescriptiva necesaria para que A pueda replicar una copia) y C la máquina general de control que dirigirá los procesos autorreplicativos.

En otras palabras un autorreplicador (o autorreproductor que es lo mismo) deberá tener en su seno la información que describe cómo debe hacer su copia y la capacidad de computar dicha información por parte de su unidad de control. ¿Qué tan plausible es que la naturaleza "invente" un sistema químico complejo capaz, no solo de metabolizar, sino de también orquestar su autorreplicación?

Sara Imari Walker y Paul Davies en su artículo titulado "El Origen Algorítmico de la Vida" establecen qué supone la emergencia natural de esta capacidad de autorreplicación incluyendo la factibilidad del pretendido "mundo de ARN" como precursor de la vida:

"El reto en la explicación del origen de la vida es dar cuenta de la transición entre la replicación trivial y no trivial que implica, más que un salto simple en complejidad, una reconfiguración de toda la organización lógica del sistema."

"Aunque los autorreplicantes triviales pueden experimentar evolución darwiniana, la falta de separación entre el algoritmo y la aplicación implica que ***los sistemas monomoleculares se dividen de la vida conocida por un abismo lógico y de organización que no se puede cruzar por la mera complejización del hardware pasivo. A este respecto, consideramos el caso del mundo del ARN como se entiende actualmente se encuentra lejos de ser verdaderamente vivo. Si la primitiva "vida" era estrictamente monomolecular, no habría manera de separar físicamente la información y el control desde el hardware que funciona, resultando en protocolos de información poco fiables debido a los canales***

de información ruidosos. Por esta razón bastante profunda, puede ser que la vida tenía que ser "bimolecular" desde el principio.

Se señala una curiosa implicación filosófica de la perspectiva algorítmica: si el origen de la vida se identifica como la transición del procesamiento de información trivial a no trivial - por ejemplo, de algo parecido a una máquina de Turing capaz de un solo (o un conjunto limitado de) cálculo (s) a una máquina universal de Turing capaz de construir cualquier objeto computable (dentro de una clase de universalidad), un punto preciso de la transición de la no-vida a la vida puede en realidad ser indecidible en el sentido lógico. ***Esto probablemente tendría implicaciones filosóficas muy importantes, sobre todo en nuestra interpretación de la vida como un resultado predecible de las leyes físicas."*** Énfasis en negrita añadido.

Las conclusiones de Amari y Davies resultan bastante elocuentes por sí mismas. Pero, la inferencia de diseño que implica el propio fenómeno de la autorreplicación no se reivindica por la escasa o nula factibilidad de su producción natural, sino más bien por un "detalle" que no suele ser reparado en los entusiastas esfuerzos de encontrar símiles verosímiles de la vida en los simuladores informáticos.

Absolutamente todos los simuladores de mundos virtuales con los que exploramos las posibilidades de la complejización a partir de reglas sencillas, proceden de un diseño inteligente y son computados con un software y un hardware creados por la inteligencia y ajustados inteligentemente para obtener determinados resultados. El propio físico Stephen Hawking, que tan frecuentemente suele anunciar que nuestro universo no requiere un creador, reconoce como desempeñamos el papel de creadores con respecto a mundos simulados tales como el juego Vida de Conway al decir:

"¿Qué selecciona las leyes que rigen nuestro universo? Tal como ocurre en el universo de Conway, las leyes de nuestro universo determinan la evolución del sistema, dado su estado en un instante cualquiera. ***En el mundo de Conway, nosotros somos los creadores, escogemos el estado inicial al especificar los objetos y sus posiciones al inicio del juego****". El Gran Diseño. Pag. 193.* Énfasis en negrita añadido.

Y si podemos reconocer que el mundo de Conway tiene un creador (John Conway), ¿Por qué tanto nuestro universo como la vida no lo deben tener también? La incongruencia lógica resulta obvia, pero Hawking, en su libro antes aludido, la remata con desparpajo diciendo, en la sección de agradecimientos de su libro, lo siguiente:

"El universo tiene un diseño, y también lo tiene un libro. Pero a diferencia del universo, un libro no aparece de la nada. Un libro requiere un creador"

¡Asombrosa lógica! Los libros no aparecen de la nada y requieren de un creador, pero el universo inmensamente más complejo que el libro y que contiene al mismo sí surge de la nada y no requieren un creador.

Aseveraciones de este tipo son ejemplos paradigmáticos de como el prejuicio filosófico del materialismo naturalista retuerce la evidencia y crea escenarios para eludir lo ineludible. La vida con su alta complejidad funcional, la presencia de información algorítmica con la capacidad autorreferente de poder describirse a sí misma mediante los 20 aminoacil ARNt sintetasas del código genético, y sus maquinarias multiproteicas capaces de computar dicha información a fin de permitir su autoreplicación, cumplen con los requerimientos que von Neumann ya prescribió como necesarios antes que estos fuesen descubiertos por los biólogos moleculares. Por estas razones podemos concluir qué, dado que los recursos intelectivos que precisa la autorreplicación conceptualizable por la tecnología humana son los mismos que los requeridos para la replicación biológica, no es posible eludir salvo por pura obcecación intelectual, que el fenómeno de la autorreplicación por sí mismo representa una abrumadora inferencia de diseño y, por consecuencia, de origen inteligente.

Apendice I

LOS ALGORITMOS GENÉTICOS Y EL DISEÑO INTELIGENTE

Hacia la mitad del siglo pasado, cuando la naciente era de la informática nacía con los primeros computadores electrónicos, surge la idea de emular la metodología que usa la biología para producir eficaces e ingeniosas soluciones adaptativas. Estas soluciones pueden ser cambios morfológicos convenientes para ser menos vulnerables a los depredadores, capacidades de mimetismo para confundirse con el entorno, y muchas otras soluciones para mejorar la supervivencia. Y si la biología tiene la capacidad de permitir que puedan surgir en las especies vivientes estas novedades producto de una evolución adaptativa ¿Por qué no aplicar estas mismas estrategias con la informática a fin de encontrar también soluciones ingeniosas y eficientes? Esta fue la premisa con la cual nacieron los algoritmos genéticos.

Un algoritmo genético (AG) funciona, a groso modo, constituyendo un cromosoma artificial con los parámetros de la función y/o funciones cuyo óptimo deseamos encontrar. Este cromosoma en sucesivas iteraciones del algoritmo deberá mutar (cambiar los valores de sus parámetros) y evolucionar produciendo sucesivas generaciones de "individuos" más aptos seleccionados por una función de aptitud que seleccionará y fijará las soluciones más eficientes y óptimas del problema planteado. En el proceso no existen caminos analíticos hacia la respuesta final. El algoritmo no debe "saber" como generar la solución. Lo que debe hacer es, más bien, hallar la solución en un espacio de búsqueda donde se hallan todos los casos posibles permitidos por la complejidad del problema especificado en su cromosoma. Para ello debe el algoritmo realizar numerosas iteraciones únicas o en paralelo para las sucesivas generaciones de soluciones hasta encontrar la solución óptima. Una vez encontrada esta solución y comparada con soluciones analíticas, pueden en muchos casos parecer extrañas, pero resultan muy eficientes e ingeniosas.

Desde entonces los algoritmos genéticos se han venido usando en distintas disciplinas científicas y técnicas con muy buenos resultados y ya han producido numerosas patentes.

Ahora bien, este éxito a llevado a los que sustentan el naturalismo evolutivo a considerarlo con gran fervor y entusiasmo como una eficaz prueba de la factualidad de la evolución biológica frente a los creacionistas y defensores del DI que alegan que la naturaleza no biológica, e incluso la biología no puede producirla. Con los algoritmos genéticos los naturalistas tendrían entonces la demostración de que la diversidad biológica, con su complejidad irreductible incluida, puede ser en verdad generada de modo natural y el creacionismo y su engendro el DI quedarán derogados.

En consecuencia esto ha producido que desde esta última trinchera algunos hayan atacado la validez de que los algoritmos genéticos puedan aplicarse en verdad a la biología y, de este modo, descalificar su presunto uso para combatir al creacionismo o al DI.

Pienso que no es buena idea combatir a los algoritmos genéticos como símiles exitosos en la ingeniería humana de los algoritmos reales de la biología. ¿Saben por qué? Porque refrendan muy bien al Diseño Inteligente.

Para explicar porque los algoritmos genéticos refrendan brillantemente al DI permítanme hacer un recorrido más minucioso de los mismos y, en el camino, refrendaremos también, sin que ello sea contradictorio con el DI, algunas de las propuestas del evolucionismo.

Lamentablemente Charles Darwin ha sufrido en el siglo y medio trascurrido desde que publicara su propuesta evolutiva, un juicio acalorado que se desliza entre dos grandes extremos. Si para unos es como un Dios, para otros es como Satanás. No es ni lo uno ni lo otro. Tuvo aciertos indiscutibles y contribuyó al avance de la ciencia como también tuvo errores, que los escasos conocimientos que entonces tenía en comparación con los hallazgos que hoy disfrutamos, no le permitieron discriminar y que, sin embargo, para sus fervientes fans aún se constituyen en dogmas intocables que deben ser creídos con reverencia y bastante acríticamente.

Analicemos ahora con mayor profundidad los algoritmos genéticos.

Para encontrar la solución a un problema de cualquier naturaleza podemos abordarlo por lo general con 3 tipos de solución:

1. Solución por procedimiento.
2. Solución por análisis (mediante conocimiento causal del problema).
3. Solución por búsqueda exhaustiva.

La primera implica menos esfuerzo ya que la solución ya esta especificada en un procedimiento que nos facilitan. Dicho procedimiento no lo propusimos nosotros, sino que lo propuso otro u otros a los que si les demando esfuerzo encontrarlo mediante el segundo o tercer método. Por ejemplo, si quisiera saber cual deberá ser la velocidad final de un cohete puedo utilizar la expresión de Tsiolkovsky, pero si no la sé también puedo deducirla. Igualmente para resolver un problema trigonométrico puedo usar la ley de senos, pero si no me acuerdo de la misma puedo deducirla y luego usarla. No obstante, por lo general la gente busca el mínimo esfuerzo así que no se da la molestia de buscar la expresión necesaria para resolver el problema, sino que recurre a un procedimiento ya establecido para su solución que pueda encontrar en un libro o apunte.

El segundo método es el analítico que deduce la expresión o procedimiento para encontrar la solución. Es más trabajoso y requiere más habilidad y conocimientos que el primer caso en el cual el procedimiento se sirve en bandeja. Aquí en cambio hay que analizarlo y deducirlo en base a conocimientos que nos permitan hallar la solución entre los intervalos de factibilidad que el análisis determine. Para algunos casos esto es fácil y para otros casos es una autentica proeza que pocos logran. Además se da la circunstancia de que existen problemas cuya complejidad no permite encontrar por la vía del análisis una solución óptima sin recurrir en cierto modo al tanteo o a la intuición y ello es debido que el número de variables puede ser muy alto e inabordable para un método analítico.

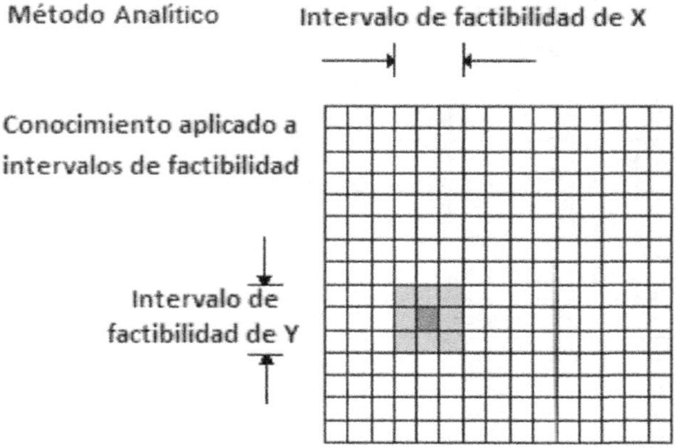

El tercer método, la búsqueda exhaustiva, se aplicaría a estos últimos casos, no obstante resulta muy impracticable para tamaños grandes de un problema. Imaginemos que tenemos que encontrar un boleto de lotería de una caja. El número premiado es el 34728. Sabiendo que tiene 5 dígitos y cada dígito tiene 10 valores distintos tenemos 100000 casos entre el 00000 y el 99999. Al conjunto de casos posibles definido por el problema se le llama "espacio de búsqueda" y de este modo su espacio de búsqueda es precisamente igual a 100000. Pero nadie nos dice en qué orden están dispuestos los boletos y donde puede estar el boleto premiado en la caja, entonces tengo que realizar una búsqueda exhaustiva evaluando boleto por boleto hasta encontrar el premiado. Este método es de hecho mucho más pesado que los 2 anteriores, pero no nos queda elección ya que con ninguno de ellos podríamos encontrar el boleto ya que no tengo ninguna información de dónde puede estar, ni modo de calcularlo analíticamente.

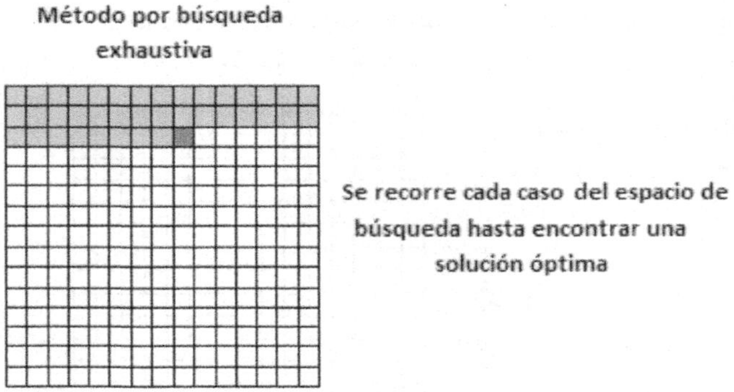

Con la era de la computación la búsqueda exhaustiva se hizo más realizable, sin embargo, incluso con el auxilio de un computador hay casos tan complejos que ni siquiera son abordables con una búsqueda exhaustiva informáticamente asistida. Por ello se han buscado métodos más eficaces y rápidos para llegar a encontrar la solución deseada y, entre ellos, aparecen los algoritmos genéticos como una solución inspirada en la biología y que en verdad funciona.

El ejemplo del boleto de lotería es demasiado simple y burdo para tener una cabal idea del tamaño y complejidad de los problemas a resolver con un AG (algoritmo genético). Pero en términos generales nos da una idea de los conceptos implicados. Imaginemos ahora un espacio de búsqueda mucho más complejo donde cada solución forma un paisaje tridimensional tal como una zona montañosa con picos y valles diversos, sin embargo la solución óptima será la que constituya el pico más alto. A cada pico se le puede reconocer como un máximo local, pero hay un máximo general que es el que realmente nos interesa.

Imaginemos ahora que tenemos que encontrar el pico del monte Everest en todo el territorio de Nepal en plena zona montañosa del Himalaya. No disponemos de ninguna información sobre el territorio, no tenemos ninguna foto o mapa de relieve que nos pueda guiar a localizar nuestra solución óptima. Si tuviésemos que hacer una búsqueda exhaustiva tendríamos que enviar a un ciego o grupo de ciegos con un bastón y un GPS a recorrer todo el territorio de Nepal con una resolución de digamos un metro cuadrado en la cual medir la altitud y así, después de un tiempo muy considerable y el sobrehumano esfuerzo del grupo de los ciegos, encontrar donde está la cima del Everest.

¿Qué haríamos para encontrar la solución imitando a la biología?

Podríamos hacer lo siguiente:

Creamos un cromosoma que constituye todos los parámetros de valores o funciones necesarios en el problema. La complejidad de este cromosoma será precisamente el número de casos que contiene su espacio de búsqueda, es decir, todos los casos posibles del problema que especifica el cromosoma. Sobre este cromosoma necesitamos hacerlo mutar y reproducirlo en varios especímenes que también muten o recombinen alelos (un alelo es un elemento de un conjunto de varias posibilidades que puede tener un gen dado de un cromosoma). Luego necesitamos una función de aptitud que seleccione los casos con soluciones más aptas y, por lo tanto, cuyos cromosomas tengan los mejores genes. Luego deberán reproducirse, recombinar y/o mutar y producir nuevas generaciones que serán confrontadas con la función de aptitud hasta que finalmente no puedan encontrar una mejor solución y en verdad hayan hallado el óptimo general o siquiera un óptimo aceptable.

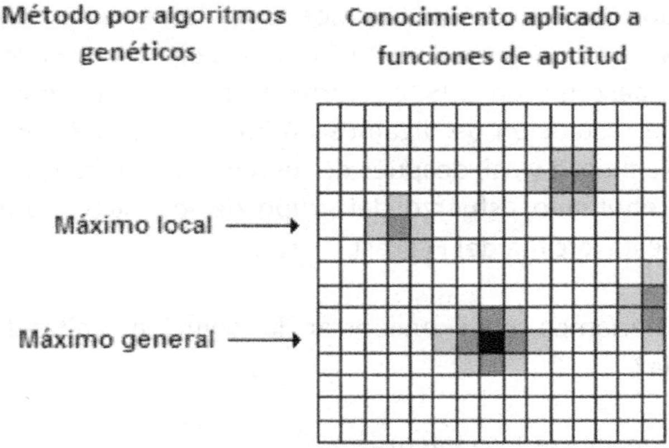

En el ejemplo del Himalaya seria como empezar con una generación de exploradores ciegos con su GPS que cayeran en lugares aleatorios del territorio. Unos caerían en profundos valles y sería eliminados por la función de aptitud para la reproducción. En cambio los que cayeran en zonas elevadas serían seleccionados por la función de aptitud y podrían engendrar una nueva generación de soluciones en las cercanías. De este modo en sucesivas generaciones los exploradores ciegos se irían acercando a las cumbres y si al principio no hubiera ningún espécimen en el Everest, tarde o temprano por efecto de la mutación o recombinación aparecería uno en el mismo y al reproducirse se seleccionarían sucesivamente a los que se encuentren más alto hasta que, al final, el máximo local del Everest sea seleccionado de todos los máximos locales, es decir, todas las cumbres de Nepal.

Este método es definitivamente mucho más eficiente y rápido que una penosa búsqueda exhaustiva y nace de una imitación de sobre cómo funciona la biología terrestre y además, estas soluciones tienen complejidad irreductible.

¿Como dicen entonces los majaderos del DI, incluido el que escribe estas líneas, que la naturaleza no puede producir mecanismos ingeniosos y con complejidad irreductible?

Pues bien analicemos el asunto.

Definitivamente esto muestra que, aunque los algoritmos genéticos no son copias precisas del algoritmo real biológico, los organismos vivos pueden en verdad, por un mecanismo evolutivo darwiniano, "crear" soluciones de adaptación biológica muy sorprendentes sin la intervención de ningún diseñador inteligente.

¿Pero esto significa realmente que no interviene la inteligencia?

Muchos científicos e ingenieros materialistas se regodean con esto diciendo que no solo si hay comida gratis (en referencia al libro de Dembski "No free Lunch"), sino que también hay una caja de bombones.

En cuanto a la biología efectivamente se puede considerar la capacidad de supervivencia como la función de aptitud de la misma, pero en cuanto a los otros elementos yo les preguntaría:

¿Quien creó los algoritmos genéticos? ¿Se hicieron solos? ¿Los hizo otro algoritmo genético?

¿Quien definió el cromosoma y en consecuencia el espacio de búsqueda? ¿Se definió a sí mismo?

Los resultados son muy inteligentes e ingeniosos al punto que no se les hubieran ocurrido ni a brillantes científicos e ingenieros pero, ¿No hay inteligencia en el algoritmo genético que los produce? ¿Nacen de un proceso con cero inteligencia? ¿Donde se computa todo el proceso?

Quitémosle a los ingenieros el computador donde poder correr los algoritmos ¿Lo podrán hacer?

Quitémosle los algoritmos a los computadores ¿Podrán los computadores sin el algoritmo encontrar algo?

Definitivamente la creatividad de un algoritmo consiste en encontrar la mejor solución en un espacio de búsqueda que fue especificado por los programadores. No es comida gratis ni bombonería, es una solución ingeniosa y, por lo tanto, inteligente para buscar cual juego de parámetros de variables y funciones nos permitan tener la solución más óptima sin tener que tantearla manualmente.

En cuanto a la complejidad irreductible ésta ya está implícita en la complejidad del cromosoma como cota superior de todas las complejidades de las soluciones posibles, por lo tanto no se crea nueva complejidad y en consecuencia tampoco nueva información funcional. Recodemos que la información expresada en bits de un sistema es igual al logaritmo en base 2 de la complejidad de la misma (Información = Log2 (complejidad)) y la complejidad del cromosoma es igual al número de casos del espacio de búsqueda. Por lo tanto, es matemáticamente imposible producir soluciones más complejas que la complejidad del cromosoma que los determina o, lo que es lo mismo, que su espacio de búsqueda.

En conclusión, si decimos que los algoritmos genéticos informáticos refrendan el poder creativo de los biológicos, y ello lo admitimos sin reparos. ¿Por qué entonces no podemos admitir lo que resulta evidente y obvio de que tanto los algoritmos genéticos de la informática como los de la biología no surgen sin el concurso de la inteligencia la cual crea tanto el algoritmo como el computador que lo ejecuta?

Imaginemos a un maestro chocolatero especialista es un tipo de bombones muy especial. Me acerco a su tienda después de guardar una formidable cola y el tumulto de otros desesperados que quieren colarse en ella para recibir aquellos maravillosos bombones que el maestro chocolatero los da ¡GRATIS!

Cuando después de una sufrida espera me llega el turno de ser atendido por el chocolatero me muestra una caja con sus maravillosos bombones y me explica el primero diciéndome:

"Mira este bombón redondo es el diseño óptimo tipo "ala de flecha" producto de un AG con cromosoma de 66 parámetros de un ala para avión supersónico y este ovalado es una solución para situar órbitas de satélites de tal manera que se minimicen los apagones de cobertura".

"¿Y el cuadradito de la esquina?" – Le pregunto al chocolatero.

"Ese bombón es un prototipo de circuito reconocedor de voz que puede distinguir y responder a órdenes habladas utilizando sólo 37 puertas lógicas"

Muy intrigado le interrogo al chocolatero:

"¿Y todos estos bombones son gratis?"

"¡Sí!" – Me contesta entusiasmado.

"¿Pero no requirieron la inteligencia y conocimientos de los ingenieros que desarrollaron los AG para obtener estas soluciones óptimas?" – Le interrogo insatisfecho. A lo que el chocolatero muy orondo me contesta:

"No ¡Se hicieron solos! ¡No hubo necesidad de inteligencia! ¡Son gratis!".

Feliz de tanta generosidad me alejo con mi caja de bombones que vale cientos de miles de dólares en patentes del desquiciado, pero muy generoso chocolatero.

Evidentemente sabemos que el chocolatero de esta ficción está completamente loco. Porque en efecto si concursó la inteligencia y los AG no se hicieron ni computaron solos. El lenguaje C o Java en el cual pudieron ser hechos y los computadores también requirieron de inteligencia para hacerse, no surgieron como hongos. Por lo tanto NO SON GRATIS. Si lo fueran todas estas soluciones de miles o millones de dólares no valdrían nada y se regalarían como lo hace el chocolatero de esta ficción.

Pero alguien dirá: ¡No vale esta analogía porque en la biología esto no es así! ¿Qué no? Entonces porque se invocan los AG como pruebas, y con razón, del poder de la biología para producir soluciones adaptativas formidables. **¿Pueden los productos de los AG artificiales avalar a los producidos por la biología, pero no la inteligencia implícita que diseña los AG? ¿Son entonces los AG de la ingeniería productos de la inteligencia y los de la biología no lo son?**

Del mismo modo que los AG, los algoritmos generadores de complejidad tales como el juego Vida de John Conway nos muestran cómo las leyes naturales aplicadas a los elementos materiales del escenario cósmico pueden generar complejidad, pero también hay que reconocer que nos muestran a su vez la otra cara de la moneda que se silencia con descaro, es decir, la inteligencia implícita necesaria para crear el algoritmo con sus tres constituyentes esenciales: reglas, elementos y escenario.

Finalmente podemos concluir con absoluta certeza que cada vez que un materialista se esfuerza con encomiable trabajo en crear un algoritmo para poder presentarlo como símil de lo que puede hacer la naturaleza sin inteligencia, termina con ello finalmente afirmando lo contrario, es decir, que su concurso si es necesario y con ello refrendando con creces al Diseño Inteligente.

Los Algoritmos Genéticos y la Evolución Horizontal

Los AG nos dan una brillante posibilidad de analizar con mayor claridad cuál es el poder real del mecanismo evolutivo propuesto por el Darwinismo en el escenario de la biología real. Para analizar este asunto es conveniente proponer dos conceptos de evolución biológica que definan de qué tipo de evolución hablamos.

El primer tipo de evolución la podríamos llamar "Evolución horizontal" y concierne a todo cambió adaptativo morfológico que no implica incremento de complejidad funcional. Este tipo de evolución puede incrementar la diversidad con el tiempo, pero no genera novedades funcionales importantes. Las definiciones conocidas de micro y macro evolución corresponden a este caso.

El segundo tipo de evolución es la "Evolución vertical" la cual concierne a todo cambio con incremento de complejidad funcional. Esta es el tipo de evolución que implicaría que una simple célula procariota termine en un pluricelular complejo como un ser humano y corresponde a la definición conocida de mega evolución.

¿A cuál de estos tipos de evolución refrendan los AG? ¿O puede refrendarlos a ambos?

Como se indico en la introducción, una de las objeciones a la propuesta de Paley de que un reloj implica necesariamente a un relojero era el hecho de que aunque 2 elementos compartan una propiedad no significa necesariamente que compartan también el origen de dicha propiedad. En otras palabras, si en nuestra realidad existiera más de una fuente que explicara la complejidad funcional no sería correcto inferir que solo uno de estos agentes (la inteligencia) sea el responsable de producirlos.

Ya se ha examinado exhaustivamente cual es la factibilidad que tiene la naturaleza, como agente causal, con respecto a la inteligencia para el origen de la vida y para su incremento en complejidad funcional. Pero el principio se aplica en este caso también para evaluar si ambos tipos de evolución comparten un mismo origen causal, es decir, si los algoritmos biológicos pueden producir ambos tipos de evolución.

Como veremos a continuación en este caso ambos tipos de evolución tampoco comparten el mismo origen causal, no siendo la causalidad de la evolución horizontal extrapolable para la evolución vertical tal como lo pretendió Darwin y sus seguidores.

Empecemos pues analizando si los AG biológicos que inspiraron a los AG informáticos son tan potentes en la realidad como estos últimos.

Si los resultados de los AG informáticos son tan maravillosos ¿Significa esto que la complejidad de su solución puede ser mayor que la de su cromosoma, es decir, los AG, sean biológicos o informáticos, pueden crear nueva complejidad funcional?

Realmente, sin importar de qué caso se trate la complejidad de cada solución nunca podrá ser mayor a la complejidad de su cromosoma. Luego no puede una solución sorprendernos con una mayor complejidad. Si ello sucediera sería como encontrar un boleto de lotería que tuviera 6 dígitos y no 5, o que encontráramos un aminoácido formado con un gen de 100 codones que tuviera 104 aminoácidos. Ello, simplemente, es imposible.

De hecho la realidad biológica debería desinflar el entusiasmo que despiertan los AG informáticos para inferir el poder de los biológicos al saber que, a diferencia de los primeros que disponen de un espacio de búsqueda cuya magnitud y recorrido solo puede limitarse por la potencia del computador que los recorre. En la biología real el espacio de búsqueda de un gen heterocigótico, es decir, que dispone de muchos alelos posibles y no solo uno, es miserablemente pequeño con respecto al informático así que, si bien con la informática podemos volar, con la biología solo podemos gatear.

Ahora bien, cuando hablamos de una evolución horizontal hablamos de un cambio morfológico con carácter adaptativo que muestra la enorme ductibilidad de los organismos biológicos para adaptarse a nuevos retos ambientales que es lo que en realidad observó Charles Darwin en su famoso viaje. Hasta aquí no estaba equivocado. En efecto los organismos biológicos tienen la capacidad de conmutar juegos de genes por varios mecanismos que permiten una descendencia que pueda exponer muchas soluciones que sean seleccionadas para la subsistencia. Por ejemplo, un sistema de mimetismo puede desarrollarse de dicha manera dentro de la visión evolutiva darwiniana permitiendo que un sistema de camuflaje sea cada vez más afín al entorno mediante la supervivencia ante la depredación de los que no tienen sistemas de camuflaje más eficientes. Hasta aquí los AG pueden, aunque no son un símil perfecto del biológico y hay muchos aspectos discutibles, apoyar la plausibilidad del mecanismo evolutivo darwiniano.

Sin embargo, el dogma postulado por Darwin para refrendar su naturalismo consiste en que ésta evolución horizontal es extrapolable a una evolución vertical que explicara como la vida no solo a progresado en complejidad a lo largo de su historia, sino que incluso progresó desde la materia hasta la complejidad actual por efecto de la selección natural, el tiempo y el azar.

¿Refrendan los AG este tipo de evolución?

Se dijo en la primera parte de este apéndice que tanto los AG informáticos como los biológicos necesitan para especificar una solución susceptible de ser seleccionada por la función de aptitud de un cromosoma. Este cromosoma está formado por un juego de parámetros y su complejidad conforma precisamente su espacio de búsqueda. Los que conocen a fondo los AG saben que si el cromosoma y la función de aptitud no son especificados cuidadosamente el AG puede engañarnos y no por malicia, sino simplemente porque no supimos definir bien el problema y su teleología (finalidad). De este modo el AG trabaja y encuentra lo que se le especificó, pero ello no era lo que se quería porque no se supo plantearlo bien. Este ajuste requiere evidentemente de inteligencia para realizarse y no sale de la nada ni es gratis como tampoco lo son los resultados. Y si bien la solución particular no fue diseñada por ningún diseñador, el artificio general para conseguirlo si fue diseñado específicamente para alcanzar dicho propósito.

En un artículo del blog www.darwinodi.com titulado: "Función y Desarrollo. Elementos claves". Propuse una idea que a muchos lectores les parecería extravagante y de hecho fue criticada, pero que es muy pertinente. Una función puede trabajar con distintos juegos de parámetros y con ellos producir distintas soluciones. Los desarrollos, dije, representan los fenómenos naturales y las funciones el diseño que los realiza físicamente. Expuse el ejemplo de un programa que desarrolle para generar figuras matemáticas de colores. Cada una de ellas salía de un algoritmo que usaba funciones trigonométricas con un juego aleatorio de parámetros. De este modo ya no era el autor especifico de cada figura y de hecho si hubiera querido expresar mi arte habría empleado una aplicación de dibujo, pero no es el caso. No hubo aquí tampoco un diseñador de cada imagen, pero yo cree el algoritmo y afine el juego de parámetros con las condiciones de contorno necesarias para que cada imagen cumpliera ciertas restricciones en color, tamaño y forma. De este modo no soy el autor "artístico" de cada imagen, pero si soy el autor indirecto de todas ellas porque las he llevado a la existencia.

Del mismo modo las soluciones de un AG no las diseñó analíticamente ningún ingeniero, pero hubo uno o varios ingenieros que especificaron el cromosoma y la función de aptitud necesaria para hallarlo y allí tuvo un ineludible origen inteligente. Por lo tanto, recíprocamente podemos concluir que los algoritmos biológicos pueden producir soluciones de modo natural, pero el motor que los genera tiene un origen inteligente. La vida tiene ya incorporados los conjuntos de genes necesarios para que la variabilidad genética pueda mostrar su plasticidad con el ambiente mediante el AG biológico. Pero ya está incorporado, no nace de novo.

Por otra parte los espacios de búsqueda de un AG biológico son sumamente inferiores al espacio de búsqueda matemático. Consideremos que para un gen heterocigótico, es decir, que cuenta con un grupo de genes funcionales diferentes (a excepción de los que comportan defectos genéticos) llamados alelos, no hay más espacio de búsqueda que dicho conjunto y el mismo está, de hecho, muy lejos de la complejidad del gen.

Por último, la variabilidad genética de un ser viviente que se mide por el porcentaje de locis heterocigóticos (locis con más de un gen distinto) nunca es un 100%. Según, estimaciones realizadas mediante la electroforesis de gel, una técnica que mide la variabilidad mediante el examen de la tasa de variantes proteicas, las plantas son la que presentan mayor variabilidad con un 17% en promedio, en segundo lugar están los invertebrados con un 13,4% y en último lugar los vertebrados con un promedio de 6.6%. Esto significa que nunca todo el cromosoma está sujeto al intercambio de parámetros distintos y con ello reduce sus espacios de búsqueda ostensiblemente.

En este sentido, habiendo evaluado los últimos aspectos reseñados, podemos apreciar que, aunque los AG informáticos comparten en gran medida la metodología de los biológicos en los cuales basan su inspiración, existe una diferencia de potencia significativa entre ellos. Sin embargo, aún siendo esto cierto el poder adaptativo de los organismos biológicos sigue siendo aún formidable.

Ahora bien, ¿No podríamos esperar que, por fenómenos de duplicación de genes, asimilaciones por transferencia genética horizontal, endosimbiosis u otros fenómenos de asimilación y ampliación genómica, se produjeran por el mecanismo de los AG nuevas funciones biológicas y se produjera con ello una evolución vertical, es decir, con incremento de complejidad funcional? Sigamos.

Los Algoritmos Genéticos y la Evolución Vertical

Se ha tratado la capacidad de los AG informáticos para refrendar la capacidad de los organismos biológicos de encontrar soluciones adaptativas eficaces ante cambios ambientales. Estos cambios de función y morfología vistos por Darwin en el siglo XIX le motivaron a concluir que este fenómeno puede extrapolarse a todo el desarrollo biológico a partir del origen de la vida e incluso más allá, desde el inanimado reino de la materia inorgánica.

Sin embargo, considerando todo lo que hoy sabemos sobre la maquinaria molecular biológica, a diferencia de lo conocido en la época en la cual Charles Darwin propuso su teoría de la evolución biológica, resulta muy difícil, sino imposible, realizar hoy esta extrapolación. Y si hoy subsiste una gran fe en ella en gran parte del consenso científico actual es más por el influjo del dogma que por el dictado de la realidad como veremos a continuación.

La evolución "horizontal" es aquella que no implica incremento de complejidad funcional neta, aunque permite cambios morfológicos adaptativos que pueden ser espectaculares como es el caso, por ejemplo, del pez espinoso que presenta dos subespecies uno con espina dorsal y otro sin ella. Este cambio se produce por la inhabilitación de un intensificador. Este es un parámetro epigenético que funciona como un interruptor; si esta encendido indica que un gen pueda expresarse en la fase de desarrollo de la espina dorsal, si está bloqueado entonces no se desarrolla dicha espina dorsal. El resultado es notable y determina que uno sobreviva mejor en aguas profundas y el otro en aguas superficiales. Como vemos este es un ejemplo típico de evolución "horizontal". Si habláramos de cómo un procariota se convierte en eucariota y luego de ser protista se convierte en un pluricelular acuático que luego se convierte en anfibio, en reptil, ave y luego mamífero ya no hablaríamos de evolución "horizontal", sino de una autentica evolución "vertical".

Darwin tuvo éxito al señalar que la selección natural funciona para la evolución horizontal, aunque él nunca hizo discriminación alguna entre este tipo de evolución y la vertical ni pudo hacerlo. Para él existía una sola evolución y un poder único en la selección natural que explicara todo incremento de complejidad funcional en el desarrollo de la vida e incluso de su origen desde la materia inanimada.

Ahora cabe preguntar: ¿Tiene poder la selección natural darwiniana para explicar la evolución vertical? Veamos.

Los algoritmos genéticos nos enseñaron que para encontrar una solución coherente con la función de aptitud establecida necesitamos definir adecuadamente nuestro cromosoma de parámetros. Vimos también que la complejidad de las soluciones nunca puede superar a la complejidad de su cromosoma que constituye su cota superior. Esto significa que si quisiéramos añadir nuevas funciones y/o soluciones más complejas deberemos necesariamente aumentar el tamaño de nuestro cromosoma.

En la naturaleza existen muchos fenómenos que permiten que un cromosoma biológico aumente su tamaño, entonces:

¿No sería posible que ya existiendo el mecanismo de cómputo y teniendo la misma función de aptitud que constituye la mejor tasa de supervivencia, se pudiera también encontrar soluciones óptimas en los nuevos componentes cromosómicos de tal modo que pudieran evolucionar nuevas funciones?

Analicemos qué necesitamos para tener tan solo una función biológica. Imaginemos que tenemos un cromosoma con un solo gen ¿Podrá hacer algo? Definitivamente no, además de ser imposible dado que sólo la maquinaria de trascripción necesaria para expresar la proteína expresada en el gen requiere a su vez de muchos otros genes. Tampoco podríamos trabajar con 2, 3 o 10 genes, necesitamos muchos más para que el concierto mínimo, es decir, la complejidad mínima funcional necesaria para que dicha célula viva pueda funcionar.

Si decimos que un gen duplicado sujeto a mutaciones puede, por un juego de carambola, llegar a producir una nueva función, ello será improbable debido a que necesitamos que dicho gen tenga coherencia de contexto con el sistema al cual incorpora su funcionalidad, y ello mediante una sociedad productiva y no meramente aditiva. Lo que sí puede hacer es generar una nueva subfunción dentro del contexto funcional previo en el que se desenvuelve, tal como sucede en el caso de los AG informáticos para generar nuevas soluciones de un formato ya existente, pero no una nueva función porque para ello necesitamos no un gen sino un grupo de ellos. Necesitamos un nuevo conjunto de genes específicos para producir dicha función y la misma tendrá su respectiva complejidad mínima funcional (complejidad irreductible).

Por lo tanto, no podemos trabajar con piezas sueltas, ello si es útil, en efecto, para la evolución horizontal, pero no lo es para la vertical. La selección natural Darwiniana puede servirnos para elegir los individuos más aptos en base a nuevas características funcionales y morfológicas producto de una evolución horizontal. Pero pierde todo su poder, tal como lo señala el problema de la preadaptación, para elegir piezas sueltas subfuncionales para contextos plurigenéticos que se traducen en los componentes de máquinas multiprotéicas. La selección natural no puede elegir lo que aún no representa ventaja alguna. Solo puede elegir la mejor función que ya esté presente.

Es por esta razón que el gradualismo de la Teoría Sintética se halla en serios aprietos en este escenario aunque ello no se suela reconocer. Sin embargo hay científicos que si son capaces de admitir y señalar con honestidad este problema incluso desde una visión afín al naturalismo materialista. El biólogo y periodista español Javier Sampedro en su obra "Desconstruyendo a Darwin" realiza una esclarecedora exposición de lo que los últimos descubrimientos científicos nos dicen sobre esta situación:

"En el año 2002, un equipo de 38 investigadores de la empresa Cellzome – una compañía fundada enteramente por científicos del Laboratorio Europeo de Biología Molecular (EMBL), en Heidelberg (Alemania) – presentó en Nature los resultados de la primera búsqueda sistemática de máquinas multiprotéicas. Este equipo dirigido por el italiano Giulio Superti-Furga, analizó de un golpe unos 1400 genes (una tercera parte del genoma) de la levadura Saccharomyces cerevisiae, el hongo unicelular que los panaderos utilizan para hacer el pan, los cerveceros para hacer cerveza, y los genetistas para hacer la pascua a sus colegas que estudian a otras especies eucariotas muchísimo más lentas y difíciles de manipular, como la mosca o el ser humano. ***El resultado fue una de las sorpresas científicas de***

los últimos años: las 1400 proteínas fabricadas por esos 1400 genes no vagan en solitario por la célula, cada una aportando su pequeña cuota de know how a la empresa celular, sino que todas están formando parte de máquinas multiprotéicas. Para ser más exactos, las 1400 proteínas analizadas por el equipo de Heidelberg constituyen 232 máquinas. *La máquina más pequeña multiprotéica, está formada por solo 2 proteínas. La más grande por 83. Una máquina media está compuesta por 12 proteínas (no se moleste en dividir 1400 por 232: no da 12, sino 6; veremos la razón dentro de dos párrafos).*

¿A qué se dedican estas máquinas? Según el amplio muestreo del equipo de Hieldelberg, la mitad de las máquinas están implicadas en la manipulación y utilización del material genético: transcripción de los genes a ARN y estructura de la cromatina (24%), splicing y metabolismo del ARN (12%) y la síntesis y retirada de proteínas (14%). (Subtotal: 50%). Otro 19% de las máquinas están dedicadas al metabolismo energético. Otro 9% a construir las membranas de la célula. Otro 9% a transmitir señales. Un 6% al ciclo celular que ordena el crecimiento y la división, y un 3% a dotar a la célula de estructura y polaridad. (GAVIN y colaboradores, 2002.)". Énfasis en negrita añadido.

Nótese como esta investigación nos ofrece un panorama muy diferente del requerido por el gradualismo. No partimos de una concertación de componentes que aportan, como dice, Sampedro, su pequeña cuota de Know how, tenemos más bien conciertos de genes que sintetizan piezas de maquinarias moleculares. Luego continúa diciendo:

"Pero las redes de interacciones no se limitan a los componentes de una máquina. Hay numerosas proteínas que pertenecen a varias máquinas a la vez (por eso no le hubiera salido la división). En algunas ocasiones esto refleja una interacción estable entre varias máquinas. Otras veces, esa interacción es sólo transitoria, depende de la fase del ciclo celular, las condiciones del entorno u otros factores. Cuando los científicos de Heidelberg representaron en un solo mapa todas estas interacciones, descubrieron un hecho inesperado más: la gran mayoría de las máquinas están asociadas entre sí, directa o indirectamente, a través de proteínas comunes. ***"En una primera aproximación, toda la célula es una sola máquina"****, en palabras de Cayetano González, investigador del Laboratorio Europeo de Biología Molecular.*

A nadie sorprenderá a estas alturas saber que estas máquinas muestran un altísimo grado de universalidad en todas las células eucariotas. Los estudios en humanos son todavía muy preliminares, pero la mayoría de las máquinas identificadas en levaduras existen también en nuestra especie. No es que una proteína o dos estén conservadas entre la levadura y el ser humano: es que la máquina en su conjunto es esencialmente la misma en todas las especies eucariotas, aunque sólo la mitad (la cifra varía) de las proteínas individuales que la componen son las mismas. La evolución ha jugado con estas máquinas de alta precisión sustituyendo algunos componentes, pero respetando su estructura básica y la lógica de su funcionamiento. Según Luis Serrano, otro científico del laboratorio europeo de Heidelberg, cada proteína está implicada en tantas interacciones con las otras proteínas de la máquina, o con las proteínas de otras

máquinas, que prácticamente no queda sitio disponible en la superficie de la proteína para añadir nuevos componentes. Pero siempre será posible sustituir un componente por otro". Énfasis en negrita añadido.

Un ejemplo más de lo señalado por Sampedro que refleja cómo un mismo algoritmo bioquímico se reproduce en especies muy distintas una de la otra, pero con diferentes actores moleculares es el caso de la ruta de señalización que conduce a la activación del morfógeno DL de Drosophila y la ruta de señalización que lleva a la transcripción NFkB de mamíferos. Los autores Anthony J.F. Griffiths, William M. Gelbart, Jeffrey H. Miller y Richard C. Lewontin lo expresan del siguiente modo:

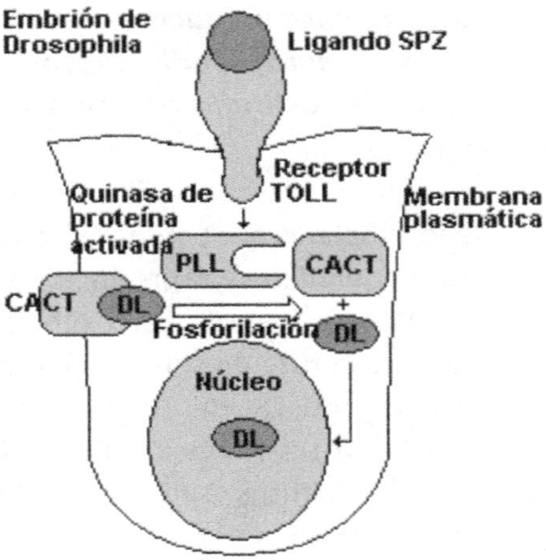

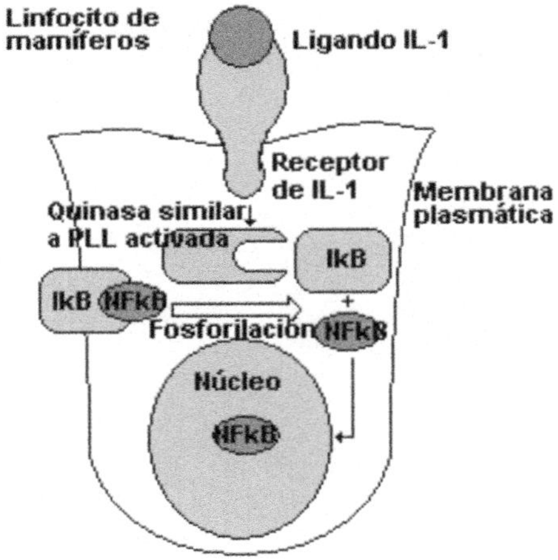

"La conservación evolutiva de los genes Hox y HOM-C no es un hecho singular. Se han descubierto muchos ejemplos de conservación evolutiva y funcional de genes y rutas de

desarrollo completas*. Por ejemplo ver figura, existen rutas conservadas por completo para activar los factores de transcripción DL de Drosophila y NFkB de mamíferos. Las proteínas de Drosophila que actúan en cualquiera de los pasos de la ruta de activación de DL poseen una secuencia de aminoácidos similar a su correspondiente en la ruta de activación de NFkB en mamíferos* ***(No se preocupe de qué hace cada proteína; aprecie, simplemente, la increíble conservación de las rutas celulares y de desarrollo, como indican los componentes de las rutas que se representan en los esquemas mediante figuras con la misma forma. Sabemos, en realidad, que DL y NFkB participan en algunas decisiones de desarrollo equivalentes.) Ciertamente, tal grado de conservación evolutiva y funcional parece la norma, más que la excepción***". *(Énfasis en negrita añadidos)*

Ahora bien, ¿Estas complejas maquinarias biomoleculares son plausiblemente generables por los mecanismos de la Teoría Sintética?

Veamos lo que nos dice Sampedro:

"La organización de la célula en máquinas altísimamente estructuradas supone una enorme restricción a los mecanismos evolutivos concebibles. *En palabras de Superti-Furga:* ***"Las levaduras y las células humanas comparten un altísimo número de máquinas similares, compuestas por proteínas relacionadas. Esto significa que, mientras cada proteína ha cambiado significativamente a través del curso de la evolución, las células de las nuevas especies siguen construyendo los mismos tipos de máquinas, usando para ello***

los componentes alterados". Las graduales sustituciones de letras en el ADN, que van alterando poco a poco la secuencia de aminoácidos de una proteína – y que siempre ha hecho las delicias de los darwinistas ortodoxos – parecen ahora menos relevantes que nunca para la generación de novedad evolutiva. En el seno de una máquina multiprotéica, las lentas variaciones neodarwinianas de una proteína no tienen más remedio que venir compensadas por alteraciones en la proteína de al lado, de modo que la interacción entre las dos proteínas se mantenga y la máquina no se haga pedazos. Si todas las células eucariotas están basadas en máquinas multiprotéicas complejas, ajustadas y engrasadas, y si esas máquinas son en gran medida las mismas en todas las especies animales, lo más probable es que la materia prima de la innovación evolutiva no sea el gen, en su constante fluir acumulativo de cambios de aminoácidos, sino la máquina en su conjunto, que puede ser reclutada como tal en un nuevo lugar, tiempo o situación, tal vez mediante la mera sustitución de uno de sus componentes". Énfasis en negrita añadido

Reparemos en lo siguiente: ¿Por qué conservar los métodos y cambiar a los protagonistas? Una buena razón es que dichas máquinas deben hacer lo mismo en diferentes contextos biológicos, es decir, si bien el algoritmo puede ser invariante con relación al contexto, las proteínas con las cuales interactúan con los distintos contextos moleculares deben estar sintonizadas a ellos para poder cumplir su función. Para entenderlo imaginemos una receta de cocina. La misma es en sí un algoritmo, pero sus elementos, las palabras, tienen que expresarse en otro idioma según el país en el cual se presente.

De lo visto hasta ahora tenemos un panorama en el cual un gradualismo neodarwiniano no nos sirve para la creación de nueva complejidad funcional. Dado que no podemos escalar gen a gen, sino por sociedades completas de ellos, hemos llegado a un punto en donde Darwin realmente ya no puede llegar. Le damos las gracias a él y a Wallace por empezar el recorrido por la evolución horizontal, pero en esta evolución vertical ellos ya no nos pueden acompañar.

Sin embargo, seguimos teniendo el problema de la aparición a lo largo de la historia de la vida de distintos seres vivientes en distintos grados de complejidad y morfología ¿Cómo surgieron?

Cuando se considera la complejidad de un ser viviente con el tamaño de su genoma se podría pensar que existe una correlación ostensible entre ellos, pero resulta que no es así. Se ha descubierto que en los eucariotas existen enormes faltas de correlación entre el tamaño del ADN e incluso el número de genes y la complejidad externa del organismo. Por ejemplo, existe una ameba con un tamaño de ADN de 23,5 Mb y otro, de otra especie, pero también ameba, que tiene 686000 Mb, es decir, ¡29191 veces más ADN que la anterior y 200 veces más que un ser humano (3400 Mb según los últimos datos)! Cuando subimos la escala hacia los eucariotas pluricelulares las diferencias resultan mucho menores. No obstante, aún presentan distancias en cantidad de ADN y número de genes que no guardan relación con sus respectivas complejidades. Existen de hecho grandes solapamientos que, por ejemplo, nos humillarían al encontrar que, aparte de la ameba, muchas plantas, crustáceos, insectos e incluso moluscos tienen más genes que nosotros los seres humanos. Sin ir muy lejos el gusano nematodo C. Elegans tiene 18000 genes, la mosca Drosophila tiene 13000 y los seres humanos 36000 (según últimas estimaciones alrededor de sólo 24000). A este misterio se le llama paradoja del valor C (cantidad del ADN por genoma haploide, es decir, de una sola cadena).

¿Podemos entonces tener la esperanza de que, en muchos casos, el aumento de la complejidad funcional y morfológica de los organismos biológicos que observamos a lo largo de la historia de la vida es producto necesariamente de incrementos cromosómicos o puede existir algún otro mecanismo insospechado que dé cuenta de ellos?

Veamos lo que nos dicen Sean B. Carroll, Benjamin Prud'homme y Nicolas Gompel en el artículo "La regulación de la evolución" de la revista Investigación y Ciencia julio 2008:

"Durante mucho tiempo se estuvo creyendo que las diferencias anatómicas entre los animales se reflejaban en nítidas diferencias en los contenidos de sus genomas. Sin embargo, cuando comparamos los genomas de mamíferos muy diferentes, del ratón, la rata, el perro, el ser humano y el chimpancé, observamos que sus respectivos catálogos de genes se parecen mucho. El número aproximado de genes de cada animal (alrededor de 20,000) y las posiciones relativas de muchos de ellos se han conservado bastante bien durante más de cien millones de años de evolución. Eso no significa que no existan diferencias en el número de genes y su ubicación. Pero, a primera vista, no hay nada en esos catálogos de genes que diga que corresponde a un ratón, a un perro o a una persona.

Por ejemplo, la comparación de los genomas del ratón y del ser humano les encuentra un homologo murino a un 99 por ciento de nuestros genes, por lo menos.

En otras palabras, los seres humanos no tenemos, pese a lo que alguna vez se supuso, más genes que un chinche, una vaca o un pez globo.

Cuando se observa con detalle un gen concreto, el parecido entre especies constituye también la norma. Por lo general, las secuencias de ADN de dos versiones cualesquiera de un gen, así como de las proteínas que codifican, se parecen; que el grado de semejanza sea mayor o menor sólo refleja el período de tiempo que ha transcurrido desde que las dos especies se diversificaron a partir de un ancestro común. ***Tamaña conservación de las secuencias codificadoras durante un período evolutivo produce desconcierto; aún más, cuando se trata de los genes implicados en la construcción y el diseño del cuerpo.***

Solo una pequeña fracción de los genes (menos del 10%) participa en la construcción y el diseño del cuerpo de los animales durante su desarrollo, desde su fase huevo fecundado hasta el estado adulto. El resto interviene en las tareas celulares de los diversos órganos y tejidos. En las diferencias anatómicas entre animales (en el número, tamaño, forma o color de las partes del cuerpo) algo han de tener que ver los genes responsables de la construcción del cuerpo. El estudio del papel crucial que durante la evolución han desempeñado los genes y procesos asociados con el desarrollo anatómico se ha ganado su propio nombre: EVO-DEVO (de evolutionary developmental biology, biología evolutiva del desarrollo).

A los especialistas en esta área de investigación nos intriga el descubrimiento de que las proteínas utilizadas para construir el cuerpo se parecen entre sí, por término medio, todavía más que el resto de proteínas. Parece una paradoja: animales tan distintos como un ratón y un elefante se forman a partir de un conjunto muy parecido de proteínas, que intervienen en la formación del cuerpo y cuyas funciones son iguales". Énfasis en negrita añadido.

¿Por qué el desconcierto y la intriga? Por qué no es lo que se esperaría que sucediera según los dictados de la Teoría Sintética. Las rutas de desarrollo y sus componentes proteicos deberían exhibir tasas de diferenciación muy superiores para equiparar las distancias evolutivas y morfológicas implicadas, sin embargo se da que ello no es así, siendo la diferenciación morfológica y funcional más derivada de los parámetros que de las rutas de desarrollo o algoritmos biológicos que se conservan.

Esto nos lleva a ofrecer una conjetura interesante que concilia el diseño común propuesto por el DI y la evolución de la morfología animal basada en la epigenética que sugiere la EVO-DEVO. Podríamos conjeturar qué, así como en los AG una solución ingeniosa surge de un cromosoma ya definido, podríamos establecer que los genomas animales ya incorporan en potencia muchas posibilidades de organización morfológica y que la misma se expresará mediante la habilitación o inhabilitación de los interruptores epigenéticos. Esto es como tener una pianola y colocarle una partitura diferente. La música será distinta según la partitura que toca, pero la pianola es la misma. De este modo los seres vivientes hasta el grado de orden o incluso clase, podrían tener un plan básico sujeto a programación epigenética que sea la que al final realice una evolución no vertical en el sentido neodarwiniano, pero sí rotundamente notable en lo morfológico y que dé cuenta de importantes cambios en la historia de la vida.

Esta conjetura requiere de más investigación para refrendarse, pero resolvería, si bien no todo, sí gran parte del problema evolutivo.

¿Puede existir una reserva genética que pueda generar tal diversidad?

Veamos que ha descubierto el Consorcio ENCODE (Enciclopedia de elementos de ADN) al respecto:

"Otras sorpresas en los datos de ENCODE tienen mayores implicaciones para nuestra comprensión de la evolución de los genomas, en especial de los genomas de mamíferos. ***Hasta hace poco, los investigadores pensaban que la mayoría de secuencias del ADN importantes para la función biológica se encontraban en áreas del genoma sujetas a restricciones evolutivas, es decir, en áreas en que era más probable que la secuencia se conservara durante el proceso evolutivo. Sin embargo, el trabajo de ENCODE ha revelado que alrededor de la mitad de los elementos funcionales en el genoma humano no parecen haber sido sometidos a restricciones evolutivas, al menos cuando son examinadas mediante los métodos más***

actuales empleados por biólogos computacionales en el proyecto ENCODE.

Según los investigadores, esta falta de restricción evolutiva podría indicar que los genomas de muchas especies contienen una reserva de elementos funcionales, incluyendo transcritos de ARN, que no proporcionan beneficios específicos en términos de supervivencia o reproducción. A medida que esta reserva avanza en la evolución, los investigadores especulan que puede servir como "almacén para la selección natural", al actuar como fuente única de elementos funcionales para cada especie y de elementos que realizan funciones similares entre las especies a pesar de tener secuencias aparentemente distintas". *Énfasis en negrita añadido.*

¿Ha leído bien el último párrafo?

Habla de una reserva de elementos funcionales incluyendo transcritos de ARN que NO PUEDEN SURGIR POR SELECCION NATURAL porque no proporcionan beneficios en términos de supervivencia o reproducción. Y que esta puede constituir un almacén para la selección natural a fin de que elija LO QUE YA EXISTE.

Finalmente podemos concluir qué, aunque esto sea lógicamente rechazado por los materialistas, estos elementos no surgieron de un fenómeno naturalista, sino que, más bien, fueron diseñados con una estructura, funciones y parámetros que les permitieran poder desarrollarse evolutivamente a lo largo de la historia de la vida en la Tierra en un proceso de evolución horizontal tan formidable que puede confundirse con la evolución vertical, pero que en realidad ya incorpora desde el principio la información, y en consecuencia la complejidad funcional necesaria para sufrir los cambios de funcionalidad y morfología adaptativos que sean oportunos en respuesta al influjo ambiental e incluso sin necesidad de ella.

Apendice II

¿ES VALIDA LA PROPUESTA DEL DISEÑO INTELIGENTE COMO EXPLICACIÓN CIENTÍFICA?

Muchos científicos cuestionan la validez de la Teoría Sintética como explicación plausible de la evolución vertical. No obstante, no rechazan su origen naturalista. Si esta teoría no logra explicarla debe haber otra que lo haga. Apelar al diseño inteligente como explicación no resulta valido para los mismos ya que consideran que el mismo no representa una verdadera explicación de este fenómeno. En una entrevista realizada por Alan Boyle en Junio de 2009 el físico británico Paul Davies gráfica esta postura al decir: *"Lo que echo de menos en el argumento tradicional del diseño inteligente, es que recurre a algo externo al Universo que debe ser aceptado como algo dado y no puede ser probado. Me gustaría intentar explicar lo máximo posible del Universo, incluidas sus leyes físicas favorables a la vida, desde dentro del Universo y en una forma que no requiera algo externo a él"*. Y añade: *"El problema de decir, Dios lo hizo, es que Dios no ha sido explicado, por lo que estamos recurriendo a un diseñador inexplicado. En realidad no explica nada, simplemente elude el problema. Pero decir que las leyes de la física simplemente permiten la existencia de la vida no aporta tampoco explicación alguna"*.

Esta visión sobre la valides de la propuesta del diseño inteligente es compartida también por otros científicos que si bien son críticos con la explicación estándar, no admiten explicaciones que excedan las posibilidades de la naturaleza para generar la vida. El naturalismo metodológico es para los mismos una ley sagrada inquebrantable y, si aún no existe una adecuada explicación naturalista, la futura investigación habrá de depararla tarde o temprano. Además decir que la vida es explicada por un agente inteligente desanima la investigación y con ello contraviene los objetivos de la metodología científica. Por último, según estos, invocar como explicación la intervención de un agente externo al universo tampoco constituye una explicación válida porque no podemos explicar la explicación.

Volvamos al reloj de Paley. Recordemos cómo se objetó que un reloj no implica necesariamente a un relojero porque que el hecho que dos cosas (un reloj y una célula viva) compartan una propiedad (complejidad funcional) no implica necesariamente que compartan el origen de dicha propiedad. Es decir, si Paley encuentra un reloj se puede asumir, según los naturalistas, dos orígenes válidos:

1. Creado por un agente inteligente.
2. Producido por la naturaleza.

Todos sabemos que la naturaleza no hace relojes, pero si nos referimos a una célula viva, que es de hecho mucho más compleja y tiene muchos más mecanismos y funciones que un reloj, hoy en día no se considera científico asumir siquiera la posibilidad de que la naturaleza no sea su autora y si lo sea un agente inteligente. Para refutar el argumento de Paley es legítimo invocar esta objeción, pero para admitir que la inteligencia pudiera intervenir para el caso de la vida no. En otras palabras se admite la objeción del origen diverso de una propiedad para refutar a Paley, pero dicha objeción no es admitida para refutar al origen natural de la vida.

El plumero que despeja esta actitud no es otro que la visión sesgada que ha penetrado en el consenso científico actual de repudiar sistemáticamente toda explicación que escape del ámbito naturalista. No interesa aquí hablar de cuáles son las razones metafísicas, filosóficas o incluso políticas que en el pasado y en la actualidad pueda constituir el trasfondo de este prejuicio, lo que está en juego es la pura objetividad intelectual. Negar de plano la participación de un agente inteligente por causa de prejuicios no es, por lo tanto, una adecuada aproximación a la objetividad científ ca.

Sin embargo, la objeción presentada por Davies es compartida por otros y entre ellos destacadamente por el célebre biólogo Richard Dawkins quien definiría la misma de la siguiente manera: *Toda explicación de un fenómeno es válido solo si, a su vez, sus causales pueden también ser explicados.* Pero ¿Es esto siquiera aceptable? ¿Se aplica acaso esto en la ciencia?

No en absoluto. La ciencia está llena de casos donde las explicaciones no pueden ser a su vez explicadas. Muchos fenómenos y constantes físicos no tienen explicación actual y no por ello desestimamos como estos pueden ser invocados para explicar otros fenómenos de la naturaleza. La carga eléctrica del electrón, el peso de los protones, la sumatoria de masas de los quarks, la intensidad de la fuerza nuclear fuerte, la constante cosmológica e incluso las propias leyes maestras de la física no tienen explicación alguna y, sin embargo, las usamos sin problemas para explicar otros fenómenos físicos sin tener que rechazarlas por no poder ser explicadas a su vez. ¿Por qué entonces debería el agente inteligente exterior propuesto por el DI rechazarse por dicho motivo?

La aversión a que la investigación científica encuentre sin desearlo la incómoda injerencia de un agente inteligente que gran parte de la civilización humana actual identifica como Dios, es retratada por el astrónomo Robert Jastrow. En su libro "Dios y los Astrónomos" de 1984 del modo siguiente:

"En este momento parece que la ciencia nunca podrá levantar la cortina sobre el misterio de la creación. Para el científico que ha vivido de su fe en el poder de la razón, la historia termina como una pesadilla. Ha trepado por las montañas de la ignorancia, está a punto de conquistar el pico más alto, y conforme se encarama sobre la última roca, le da la bienvenida un grupo de teólogos que llevan allí sentados durante siglos".

Esta pesadilla expone de manera elocuente el profundo desagrado que surge en la mente de muchos científicos, cuando en el curso de una investigación científica, es necesario o inevitable tener que abordar, tarde o temprano, una implicación metafísica.

Esto es como extender una plataforma en el vacío. No hay apoyos por donde seguir. Por lo tanto, si fuera posible nunca encontrarlas y se pudiera comprobar que la ciencia en cada caso siempre pudiera explicarlo todo sería más satisfactorio. Pues al fin y al cabo ¿Por qué tendría que existir lagunas de explicabilidad en nuestro cosmos? ¿Por qué la naturaleza no puede ser completamente explicable por si misma?

En cierta ocasión Albert Einstein dijo:

"Lo enteramente incomprensible del mundo es que sea comprensible."

De hecho en gran medida nuestro mundo se hace entendible y ordenado. Sabemos y confiamos que hay fenómenos posibles e imposibles de acuerdo a leyes físicas y matemáticas más no a misterios y caprichos mágicos inexplicables. Por todo ello los científicos tienen, muy al margen de su sumisión al naturalismo metodológico, un rechazo generalizado a todo lo que pueda escapar a esta explicabilidad.

Sin embargo, ¿Todo puede explicarse de modo natural?

La ciencia se ha desarrollado para encontrar las relaciones causales que expliquen cómo se comportan los elementos de la naturaleza. Y para lograr dicha explicación se necesita haber encontrado cuales son las reglas físicas y matemáticas que guían la evolución o comportamiento de dichos elementos. Si no descubrimos dichas leyes (reglas) no podremos explicar la fenomenología. Por lo tanto, la ciencia ha trabajado arduamente en la dilucidación de dichas leyes para explicar el mundo.

Ahora bien, tenemos que reconocer que el cosmos es un escenario con elementos y reglas (leyes) donde los fenómenos que se producen en él son producto de tres elementos:

1. El escenario desde donde surge el universo
2. Las leyes y constantes físicas que lo gobiernan
3. La información que define sus actores elementales

La ciencia puede, considerando a estos tres tipos de elementos, explicar los fenómenos del mundo, pero no puede explicar a su vez a estos elementos. A no ser que se remita a elementos de fuera del escenario cósmico. ¿Pero hay algo fuera de nuestro universo?

Para el materialismo no. Todo lo que existe es todo lo que hay dentro. No existe nada afuera que daría origen a este universo o a todos los posibles del multiverso (universo de universos). Por lo tanto, si queremos ser estrictos, el extraverso (el universo extendiendo sus límites en su mayor concepción posible) es todo lo que hay y contiene estos tres elementos antes mencionados. Pero volvemos al dilema ¿Cómo explicamos a los actores, a las reglas que los gobiernan y el escenario?

Aquí es donde surge la pesadilla de Jastrow. Esta pregunta nos fuerza a reconocer que tiene que existir algo allá afuera y que ese algo es alguien inteligente.

Nosotros los seres humanos somos seres inteligentes con la extraña capacidad, como lo señaló intrigado Albert Einstein, de comprender el mundo, pero además tenemos también la extraña capacidad de crear escenarios con actores y reglas de "juego" que también respetan reglas de causalidad y funcionan. El juego "Vida" de Conway es tan solo un ejemplo entre muchos otros casos de autómatas celulares actuando en un universo virtual simulado informáticamente. Teniendo esta capacidad podemos decir que nosotros también somos "creadores de mundos".

Pero, si reconocemos esto, ¿Podemos negar sin contrariar a la lógica que nuestro escenario cósmico en el cual somos algunos de sus actores, donde estamos regidos por leyes y constantes físicas, no sea también creado por otra inteligencia mayor?

Eso sería reconocer a un Dios creador y eso es un escenario de pesadilla para muchos adscritos al naturalismo materialista. De tal modo que, como salida, se debe recurrir a subterfugios penosos como el del filósofo de la ciencia Daniel Dennet el cual afirma que el universo se dio origen a sí mismo. Esto es como decir que podemos elevarnos del suelo jalándonos de los pelos hacia arriba ¿Por qué no funciona? Porque obedece a una causalidad circular. No puedo elevarme jalándome los pelos hacia arriba porque mi brazo no está jalando "desde fuera" de mi cuerpo, sino desde dentro apoyándose en mí mismo. Del mismo modo no podemos decir que el universo se dio origen a sí mismo porque para darse origen tendría que haber existido previamente y así, con esta causalidad circular no hay modo de solucionar el origen. Y nuevamente no funciona porque la causa no opera "desde fuera".

Otra objeción que pretende invalidad este recurso es aquel que plantea "Si un Dios creó el universo, ¿Quien entonces creo a

Dios?". Esta objeción implica la existencia de una jerarquía de creadores con regresión infinita donde si un dios explica un mundo, un dios de un segundo mundo mayor podría explicar al primer dios y así sucesivos dioses explicarían a otros inferiores en una regresión sin fin. Entonces si asumimos que nuestro mundo es explicable como fruto de la creación de un dios y no podemos explicar a este dios, entonces el universo no puede ser explicado por un dios porque ello nos lleva a una regresión infinita. Este argumento presenta dos defectos importantes. Primero, las jerarquías, sean de cualquier tipo, no tienen porque terminar en regresiones infinitas. De hecho en nuestro mundo real están acotadas en ambos extremos. La cadena trófica, por ejemplo, representa una jerarquía de depredadores donde un animal come a otro que a su vez come a otro más pequeño, pero esto no forma una regresión infinita de depredadores, siempre hay un depredador mayor que no es depredado por otro y un animal que no es capaz de depredar a otro más pequeño. Lo mismo sucede en las cadenas de mando humanas que tampoco forman regresiones infinitas de mando dado que también están acotadas superior e inferiormente por un jefe que no tiene jefe y un subalterno que no tiene a su vez subalternos. Del mismo modo que en los innumerables ejemplos de jerarquías que podrían citarse una jerarquía de creadores tampoco tiene porqué no estar acotada y convertirse en una regresión infinita además del hecho que sabemos que esta si tiene una cota inferior ¿Por qué debería carecer de una superior? El segundo problema con este razonamiento es que también recurre a la exigencia de Dawkins antes señalada de que, para que una explicación sea válida, debe a su vez explicarse la explicación. Esto es como decir que no puedo deducir que un fotón sea fruto de un disturbio orbital de un electrón, si no puedo explicar al mismo tiempo como surge un electrón. O si encuentro el acueducto de Segovia y deduzco que no es fruto de una auto-organización de la materia, sino obra de la ingeniería romana, pero no puedo explicar de donde surgen los romanos, entonces el acueducto de Segovia es un fenómeno natural.

Siguiendo esta línea de pensamiento tanto Dawkins como Davies afirman que el DI no explica nada porque admite como explicación una creación inteligente en vez de un fenómeno natural. De acuerdo a esta postura sólo las explicaciones naturalistas son autenticas explicaciones. Así, volviendo al ejemplo anterior, decir que los romanos hicieron el acueducto de Segovia no explica nada, pero decir que surgió por erosión natural si lo explicaría. Bajo este planteamiento se puede aceptar cualquier absurdo mientras invoque una explicación "natural".

El catedrático de genética de Harvard Richard Lewontin definió claramente esta postura al decir:

"Tenemos un compromiso previo, un compromiso con el materialismo. No se trata de que los métodos y las instituciones de la ciencia nos obliguen de alguna manera a aceptar una explicación material del mundo fenomenológico, sino al contrario, que estamos obligados por nuestra adhesión previa a las causas materiales a crear un aparato de investigación y un conjunto de conceptos que produzcan explicaciones materiales, no importa cuán contrarias sean a la intuición, no importa lo extrañas que sean para los no iniciados. Además, este

materialismo es absoluto, porque no podemos permitir un Pie Divino en la puerta".

Se puede jugar con causalidades circulares o regresiones infinitas, pero no podemos eludir que la ciencia no puede explicarlo todo de un modo naturalista, por mucho que irrite decirlo, sino que tiene unos límites que la circunscriben al ámbito endógeno, es decir, puede explicar su fenomenología interior, pero no al propio cosmos con su escenario, actores y reglas. Incluso aunque los físicos pudieran algún día decir que todo puede surgir de tan solo una ecuación, ¿podrá la ecuación explicarse a sí misma? No, y ello porque esto solo es posible "desde fuera". Del mismo modo que las reglas de un juego pueden explicar el devenir del mismo, pero no explican ni las reglas, ni las fichas, ni el tablero.

Cuando llegamos a una frontera donde solo se puede ver el "afuera" es cuando entramos en el incomodo reino de lo metafísico y esto es algo que no podemos eludir salvo por obcecación intelectual. Ahora bien, se puede decir que recurrir a una explicación metafísica es claudicar de los límites del naturalismo metodológico (aquel que nos dice que la ciencia todo debe explicarlo mediante causas naturales), pero, por lo que hemos visto, ello no es posible.

El Diseño Inteligente no pretende decir que no hay fenómenos explicables naturalmente y por lo tanto inmersos dentro del naturalismo metodológico, o que para cada vacío de explicabilidad hay que recurrir a instancias metafísicas. Lo que afirma es que hay procesos y estructuras que proceden de la naturaleza y que hay otros, como se ha establecido en este libro, que proceden de un diseño inteligente no humano ni animal. No se trata de preferir una explicación natural sobre otra de diseño o viceversa, de lo que se trata es de saber discriminar cuando un fenómeno o estructura surge de una o de otra fuente de acuerdo a su naturaleza intrínseca. Y de tener la valentía de afrontar una resolución aunque la misma no vaya en consonancia a nuestros prejuicios previos.

¿Desalienta el DI la investigación científica por invocar o insinuar en algunos casos una explicación metafísica? Muchos piensan que sí, pero ello es un grave error. Esto es como decir que cuando afirmo que la gran muralla china no es un fenómeno natural, sino que la hicieron los chinos para defenderse de los mongoles, entonces ya no tengo porque investigar cómo se construyó, cuando se inició dicha construcción y cuanto duró. Como se ve en el ejemplo el que la muralla no tenga una explicación natural no desalienta la investigación de otras interrogantes sobre su vasta presencia en la geografía de China. Del mismo modo admitir que la vida en sus elementos estructurales fundamentales sea fruto de diseño no implica que se deje de investigar cómo surgió y como se desarrolló durante la historia biológica. Hoy en día pese a todos los avances de la ciencia hay muchas más preguntas que respuestas y con nuevos descubrimientos surgirán otras preguntas que deberán ser desveladas con mas investigación. Pensar que admitir una explicación metafísica zanja el tema de la investigación científica es un absoluto error.

Todos aquellos que comparten la postura del DI y desarrollan o se forman para desarrollar carreras científicas están llamados a seguir investigando y buscando desvelar los formidables misterios pendientes con una visión de la ciencia no limitada con estrecheces naturalistas que los fuercen a callejones sin salida o a los planteamientos absurdos que señala Lewontin, sino con una visión valiente que sepa conducirse sin miedo a la presión del consenso, una visión que conduzca hacia donde en verdad lleve la evidencia.

Referencias:

1. David L Abel y Jack T Trevors "Three subsets of sequence complexity and their relevance to biopolymeric information". http://www.ncbi.nlm.nih.gov/pmc/articles/PMC1208958/

2. Peter Coveney y Roger Highfield. "La Flecha del Tiempo". La organización del desorden. Editorial Plaza & Janes. 1990

3. William Dembski. "El Diseño Inteligente como Teoría de la Información".

4. Berkely Physics Course. – Volumen 5. Física Estadística. Editorial Reverte S.A. 1996

5. Cristian Aguirre del Pino. Elementcs de estructuras funcionales. OIACDI 2009

6. Roger Penrose. La mente nueva del emperador. FONDO DE CULTURA ECONOMICA 1996

7. Mario A. Lopez, Felipe Aizpun Viñes y Cristian Aguirre. Darwin frente al DI. OIACDI 2011

8. Paul Davies. La mente de Dios.

9. Javier Sanpedro. Deconstruyendo a Darwin. Editorial Critica.

10. Anthony J.F. Griffiths, William M. Gelbart, Jeffrey H. Miller y Richard C. Lewontin. Genética Moderna Mc GRAW HILL INTERAMERICANA. 2000

11. Sean B. Carroll, Benjamin Prud'homme y Nicolas Gompel. La regulación de la evolución. Investigación y Ciencia. Julio 2008

12. Anónimo, Tal vez debamos modificar nuestra idea del genoma humano. Web site de IntraMed.

13. Mario Hernandez. Autorreplicación. Instituto Universitario de Sistemas Inteligentes.

14. Anónimo. Autómatas Celulares. Universidad Católica Andrés Bello. Facultad de Ingeniería. Escuela de Ingeniería Industrial. Cátedra Investigación de Operaciones.

15. Sara Imari Walker y Paul C.W. Davies. The Algorithmic Origins of Life. NASA Astrobiology Institute. BEYOND: Center for Fundamental Concepts in Science. Arizona State University, Tempe, AZ. Blue Marble Space Institute of Science, Seattle, WA

16. Stephen Hawking. El Gran Diseño. Editorial Crítica 2010

17. Leonard Susskind. Paisaje Cósmico. La teoría de cuerdas y la ilusión del diseño inte igente. Editorial Crítica 2007.

18. Robert Jastrow. Dios y los astrónomos.

19. Richard Lewontin. Billons and Billons of Demons. http://www.drjbloom.com/Public%20files/Lewontin_Review.htm

Made in the USA
Monee, IL
04 November 2026

67386711R00115